包装学科概论

罗定提　编著　　唐未兵　主审

化学工业出版社

·北京·

《包装学科概论》共分为七章，内容包括包装学科的内涵、包装学科的发展追溯、包装学科的自然科学与工程技术科学基础、包装学科的人文与社会科学理论基础、国内外高校包装学科建设分析、包装学科体系架构、包装学科高层次人才培养的特需性。本书对包装学科的形成和体系发展进行了细致的梳理与探索，提出了包装学科体系的架构方案，并形成了相应的包装学科体系的评价方法，对包装学科高层次人才培养的特需性进行了具体分析，概括介绍了"服务国家特殊需求博士人才培养项目——绿色包装与安全"的基本情况。

本书可供高等院校轻工类相关专业教师和进行学科研究的硕士及博士研究生使用，也可作为高等教育管理部门的决策参考书，同时也是社会公众了解包装学科概况的基本图书。

图书在版编目（CIP）数据

包装学科概论/罗定提编著. —北京：化学

工业出版社，2018.10

ISBN 978-7-122-32996-7

Ⅰ. ①包… Ⅱ. ①罗… Ⅲ. ①包装-概论

Ⅳ. ①TB48

中国版本图书馆 CIP 数据核字（2018）第 206567 号

责任编辑：杨 菁 闫 敏　　　　　　　　　　　文字编辑：孙凤英
责任校对：王素芹　　　　　　　　　　　　　　装帧设计：张 辉

出版发行：化学工业出版社（北京市东城区青年湖南街 13 号　邮政编码 100011）
印　　装：三河市延风印装有限公司
710mm×1000mm　1/16　印张 10¼　字数 172 千字　2018 年 10 月北京第 1 版第 1 次印刷

购书咨询：010-64518888　　　　　　　　售后服务：010-64518899
网　　址：http://www.cip.com.cn
凡购买本书，如有缺损质量问题，本社销售中心负责调换。

定　　价：58.00 元

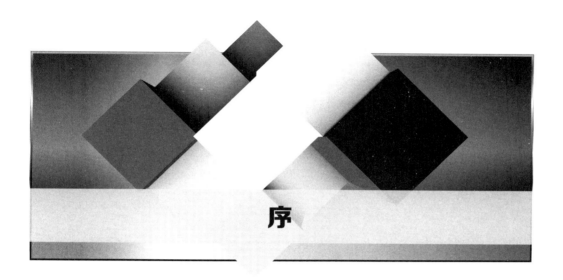

序

包装产业与国计民生息息相关，既是中国制造体系的重要组成部分，也是国民经济与社会发展的重要支撑。目前，我国已成为世界第二包装大国和亚洲最大的包装消费市场，包装产业在国际产业舞台上的地位越来越重，影响越来越广。2016年底，国家发布了《关于加快包装产业转型发展的指导意见》，为我国实现包装产业转型升级和包装强国建设目标明确了前行方向，注入了强大动力。

要稳固我国的世界包装大国地位，加快包装强国建设步伐，不断提升包装产业在服务国家战略、适应民生需求、建设制造强国、推动经济发展中的贡献能力，最急需、最永恒的就是要通过构建创新型、复合型、应用型、技术技能型人才培养体系，有效解决好人才供给与支撑问题。

形成多元化人才培养体系，增强高素质人才培养能力，首先必须建设高水平学科，要通过学科打造对接包装全产业领域的专业链，通过专业构建适应产业发展需求的人才供给链。但是，长期以来，由于包装覆盖面广、产业链长，跨学科融合特征明显，导致包装学科一直难以成为一门独立的一级学科，基于学科的科学研究与人才培养受到很大局限，在较大程度上制约了包装产业核心竞争力的形成与提升，因此，近年来，构建包装学科、发展包装学科，已经成为包装业界和学界的共同呼声和迫切期待。

湖南工业大学是全国以包装教育为办学特色的综合性大学，是中国包装联合会包装教育委员会的主任单位。多年来，始终注重组织自身的学科团队和全国包装学界的研究力量，致力推动包装学科的建设与发展。今天，罗定提副校长将自己以及团队多年来呕心沥血的成果凝聚成为一部系统研究包装学科的学术专著，可谓适逢其时，意义深远。

《包装学科概论》对包装学科的起源、国内外包装学科发展现状进行了深入细致的梳理、归纳和总结，对包装学科的内涵、特征、研究对象、研究内容进行了深入论述，对包装学科的支撑学科进行了详尽分析，在此基础上，提出了包装学科的建设架构和评价体系，并对我国包装学科高层次人才培养的特需性进行了充分论证。相信本书形成的理论成果和建设体系，将对我国包装学科的发展产生很大推力，并借此有效促进包装教育体系的不断完善和包装产业的转型发展。

是为序。

中国包装联合会副会长
中国包装教育委员会主任　唐未兵

2018 年 6 月

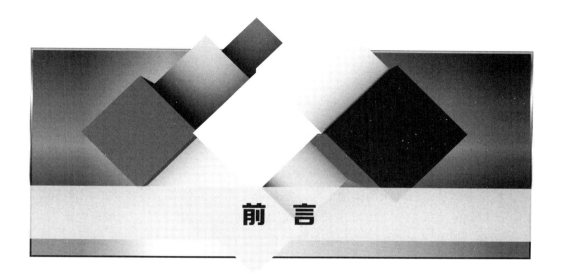

前　言

目前，我国正在推进包装产业转型发展和包装强国建设进程，快速发展的包装产业对高素质专门人才的需求越来越旺盛，包装高等教育既迎来了难得的机遇，也面临着严峻的挑战。

从 1984 年教育部将包装工程专业列入本科专业试办以来，我国包装教育已经历了 30 多年的发展历程，逐步形成了由职业教育—本科教育—研究生教育以及继续教育等组成的较为完整的人才培养体系。"十二五"期间，我国开展包装人才培养的高校发展到近 300 所，逐步扩大的人才培养规模和不断提升的人才培养质量，为我国巩固世界第二包装大国地位起到了重要作用。

但在包装产业以"绿色、智能、安全"为主体发展方向的今天，我国包装行业的高素质专门人才仍然严重短缺，支撑产业强劲发展的智力优势难以有效形成，导致产业创新能力长期不足、转型升级发展步伐滞后，因此，推动包装学科建设，加快培养高层次包装人才，迫在眉睫。

但在包装教育和产业创新进程中，包装学科始终难于以独立学科的地位存在，形成了制约包装产业领域基础研究、人才培养、智力支持和科技创新的瓶颈。因此，针对我国包装学科的发展现状，从包装学科的边界、基础、学理、体系、内涵以及人才培养等方面开展包装学科的系统研究，实现其在《学科目录》中的独立学科地位，不仅必要，而且急需。

湖南工业大学作为全国以包装教育为办学特色的综合性大学，不仅是国际包装研究机构协会（IAPRI）接纳的会员单位、中国包装联合会包装教育委员会的主任单位，也是中国包装联合会副会长单位和中国包装技术培训中心，更是"服务国家特殊需求博士人才培养项目"单位，在包装学科研究、建设与发展引领中理应先行作为。有鉴于此，我们集中各方研究力量，通过多年的系统研究，编著了这本《包装学科概论》。

本书在对国内外包装教育及包装学科的萌芽和发展进行历史考察的基础上，从包装学科基础理论和学科特点出发，对包装学科的基础与内涵展开追溯；从人才队伍与包装教育、科学研究与平台、科研机构与产业发展等主要支撑要素方面进行归纳、比较和整合，对包装学科的层级设置原则和包装学科体系的特征进行深入分析，提出了包装学科体系的架构方案，并形成了相应的包装学科体系的评价方法。同时，以湖南工业大学"服务国家特殊需求博士人才培养项目——绿色包装与安全"为例，指出了建设包装学科的重要性和紧迫性。

本书由罗定提提出思路、策划方案、组织协调、编著并统稿。相关参加编写人员及工作分工如下：吴若梅对本书架构进行了逻辑性设计；对国内外包装教育的起源与发展、理论与实践进行了分析研究，为本书的理论体系构建提供了基础支撑。滑广军、鲁芳在包装学科基础的研究及包装与其他学科的交叉融合上提出了独到的见解，提供了扎实的基础数据和信息支持。袁志庆、罗子灿在包装学科体系的设计构建、学科评价监控体系的建立等方面贡献了智慧和成果。同时，张晓、龚苗苗、李书山、陈正雄、陈振钊也为编著本书倾注了心血。

本书由唐未兵主审。

在此对参加编写及主审人员表示由衷的敬佩和感谢。

由于作者水平有限，书中难免有疏漏之处，恳请读者批评指正。

罗定提

2018 年 6 月

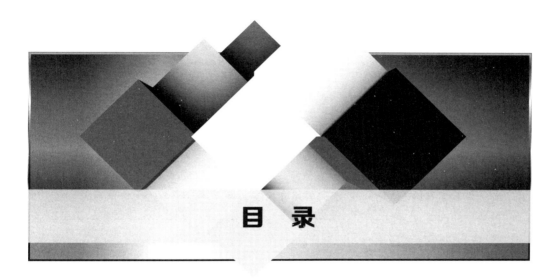

目 录

第一章 包装学科的内涵 / 1

第一节 学科的内涵 …………………………………………………………… 1

一、学科的定义 ……………………………………………………………… 1

二、学科的特点 ……………………………………………………………… 1

三、学科与专业的关系 ……………………………………………………… 3

第二节 包装学科的内涵及特征 …………………………………………… 3

一、包装学科的范畴性特征 ………………………………………………… 4

二、包装学科的论著性特征 ………………………………………………… 4

三、包装学科的系统性特征 ………………………………………………… 5

四、包装学科的创造性特征 ………………………………………………… 6

五、包装学科的发展性特征 ………………………………………………… 6

六、包装学科的检验性特征 ………………………………………………… 7

第三节 包装学科的研究对象与研究内容 ………………………………… 7

一、包装学科的研究对象 …………………………………………………… 7

二、包装学科的研究内容 …………………………………………………… 9

第四节 包装学科与相近一级学科的关系 ………………………………… 10

一、轻工技术与工程 ………………………………………………………… 11

二、材料科学与工程 ………………………………………………………… 11

三、食品科学与工程 ……………………………………………………………… 11

四、机械工程 …………………………………………………………………… 11

五、工业设计 …………………………………………………………………… 12

第二章　包装学科的发展追溯 / 13

第一节　包装学科的起源 ………………………………………………… 13

一、包装学科的产生 …………………………………………………………… 13

二、主要研究领域及带头人 …………………………………………………… 14

第二节　包装学科的发展——以密歇根州立大学为例 ……………… 16

一、包装学院的发展概况 ……………………………………………………… 16

二、学科建设发展历程 ………………………………………………………… 17

三、研究方向及主要成果 ……………………………………………………… 18

第三节　包装学科研究进展 ……………………………………………… 21

一、对包装学科界定的认识 …………………………………………………… 22

二、对包装学科基础的认识 …………………………………………………… 22

三、对包装学科课程体系的认识 ……………………………………………… 23

四、对包装学科内涵的认识 …………………………………………………… 26

五、对包装学科人才培养模式的认识 ………………………………………… 26

第三章　包装学科的自然科学与工程技术科学基础 / 30

第一节　包装学科的数学基础 …………………………………………… 31

一、包装材料性能需要以数学的形式进行表征 ……………………………… 31

二、包装结构的减量化设计需要使用的数学方法 …………………………… 33

三、流通环境强度需要用数学的方法进行表征 ……………………………… 34

四、包装结构的几何表达需要用数学的方式 ………………………………… 34

第二节　包装学科的力学基础 …………………………………………… 35

一、弹塑性力学基础 …………………………………………………………… 35

二、振动力学基础 ……………………………………………………………… 36

三、断裂力学基础 ……………………………………………………………… 37

第三节　包装学科的材料学基础 ………………………………………… 38

一、包装材料是包装功能实现的物质基础 …………………………………… 39

二、材料学是促进包装学科形成和发展的重要推动力 ……………………… 42

第四节　计算机技术对包装学科的支撑作用 …………………………………… 43
一、包装 CAD 技术 ……………………………………………………………… 44
二、包装 CAE 技术 ……………………………………………………………… 44
三、包装性能的计算机检测技术 ……………………………………………… 45
第五节　机械工程技术对包装学科的支撑作用 …………………………………… 46
一、机械学知识是包装学科教学体系中的重要模块 ………………………… 46
二、机械要素贯穿了包装生产的所有重要环节 ……………………………… 46
三、包装材料及包装件性能评价需要机械实验装备实现 ………………… 47

第四章　包装学科的人文与社会科学理论基础 / 48

第一节　经济要素对包装学科的应用支撑 ………………………………………… 49
一、微观经济要素对包装学科的支撑作用 …………………………………… 49
二、宏观经济要素对包装学科的支撑作用 …………………………………… 52
第二节　管理要素对包装学科的应用支撑 ………………………………………… 56
一、标准化管理对包装行业的要求 …………………………………………… 56
二、包装行业发展对包装企业的要求 ………………………………………… 57
三、包装企业之间的协同管理 ………………………………………………… 58
第三节　艺术要素对包装学科的应用支撑 ………………………………………… 59
一、包装设计的艺术性 ………………………………………………………… 59
二、包装设计的文化性 ………………………………………………………… 60
三、在包装中应用的美化装饰设计 …………………………………………… 61
四、在包装中应用的容器设计 ………………………………………………… 64
第四节　心理学要素对包装学的支撑 ……………………………………………… 66

第五章　国内外高校包装学科建设分析 / 68

第一节　国外高校包装学科建设举例 ……………………………………………… 69
一、美国密歇根州立大学包装学院 …………………………………………… 69
二、法国兰斯大学包装工程学院 ……………………………………………… 78
第二节　国内本科高校包装学科建设举例 ………………………………………… 80
一、湖南工业大学 ……………………………………………………………… 80
二、江南大学 …………………………………………………………………… 83
三、天津科技大学 ……………………………………………………………… 85

第三节　国内职业院校包装教育发展现状 ································· *87*

一、专业设置及分布 ···································· 87

二、重点专业课程设置 ································· 88

第四节　经验与启示 ··· 89

一、国外高校包装工程学科建设经验 ················· 89

二、国内高校发展状况比较 ·························· 91

三、我国包装学科发展的局限与优势 ················· 94

第六章　包装学科体系架构 / 96

第一节　包装学科的组成要素 ························· *96*

一、人才队伍 ····································· 96

二、高等教育 ····································· 97

三、科学研究 ···································· 101

四、科研平台 ···································· 105

五、科研机构 ···································· 111

六、产业情况 ···································· 112

第二节　包装学科的层级设置原则 ··················· *117*

一、系统性原则 ·································· 117

二、发展性原则 ·································· 118

三、科学性原则 ·································· 119

第三节　包装学科体系的特征分析 ··················· *120*

一、包装学科体系的交叉性分析 ···················· 120

二、包装学科体系的独立性分析 ···················· 123

三、包装学科体系的综合性分析 ···················· 125

第四节　包装学科体系架构设想与建议 ··············· *125*

一、包装学科体系架构原则概述 ···················· 125

二、包装作为独立学科门类的体系架构设想与建议 ······· 128

三、包装作为工学门类中一级学科体系架构设想与建议 ··· 130

第五节　包装学科体系的评价 ······················· *130*

一、包装学科体系评价指标要素 ···················· 130

二、包装学科体系评价方法 ························· 133

第七章　包装学科高层次人才培养的特需性 / 135

第一节　包装高层次人才的培养需求 ·· 135

一、全面适应"两型"社会建设的需要 ······························· 135

二、推进包装产业转型升级的需要 ································· 136

三、包装高层次人才培养体系的需要 ······························· 137

四、绿色包装与安全技术创新的需要 ······························· 138

第二节　包装高层次人才培养定位 ·· 139

一、研究的思路和方法要求 ··· 139

二、研究的能力培养要求 ··· 140

第三节　国家特殊需求人才培养项目——以湖南工业大学为例 ········· 141

参考文献 / 144

第一章　包装学科的内涵

第一节　学科的内涵

　　人类的活动会产生经验，经验的积累和消化形成认识，认识通过思考、归纳、理解、抽象而上升为知识，知识经过运用并得到验证后，进一步发展到科学层面而形成知识体系，处于不断发展和演进的知识体系根据某些共性特征进行划分而成为学科。学科是相对独立的知识体系，认识和理解学科的内涵，对于认识和理解包装学科的内涵、确定包装学科的发展方向、建设包装学科体系具有重要意义。

一、学科的定义

　　学科有多种含义。第一种含义是学术分类，指一定科学领域或一门科学的分支，如自然科学中的化学、生物学、物理学，社会科学中的法学、社会学、艺术学等。学科是与知识相联系的一个学术概念，是自然科学、社会科学两大知识体系（也有自然科学、社会科学、人文科学三大知识体系之说）子系统的集合概念。学科是分化的科学领域，是自然科学、社会科学概念的下位概念。第二种含义是指高校教学、科研等的功能单位对高校人才培养、教师教学、科研业务隶属范围的相对界定。学科建设中的“学科”含义侧重于第二种含义，但与第一种含义也有关联。

二、学科的特点

　　学科的本质是学科所固有的属性，是所有学科所具有的共同特点。现代汉语词

典中，将学科定义为按照学问性质而划分的门类。日本学者欢喜隆司认为学科是教学的一种组织形态。这两种观点分别揭示了学科的科学本质和教育本质。

沈阳师范大学的孙绵涛认为，学科是主体为了教育或发展需要，通过自身认知结构与客体结构（包括原结构和次级结构）的互动而形成的一种具有一定知识范畴的逻辑体系。这一定义抓住了学科的三个根本特征：①学科产生和发展的根本动力是为了满足人自身教育或发展的需要。②学科产生和发展的途径是主体的需要和认知结构与客体结构间的互动，一方面，主体用自身尺度作用于客体，即对原客体进行分门别类的研究，或从已有的科学知识中选取一定的知识；另一方面，客体又以自身的尺度去规范主体的作用，从而使主客体达到相对统一。③学科的呈现方式是由一定知识范畴所组成的逻辑体系。这一定义可以适应一切学科，因为不同的学科总是主体在不同的需要基础上通过自身不同的认知结构与客体结构的互动而产生的一种知识范畴的逻辑体系。由于学术问题上的一些争论，学科的概念（定义）只是一种为普遍所接受的观点，存在着一些分歧。这些争论与分歧是推动学科不断发展的动力。将学科要素体系概括为三大要素，即学科研究的对象、学科研究方法和科学体系。一门学科的建立，首先要明确研究什么，这就需要建立学科研究对象范畴；其次，就要明确用什么方法去研究，这就涉及学科研究方法范畴；再次，就要考虑用一个什么样的知识的基本概念体系将所研究的结果表达出来，这就需要建立学科体系范畴。这一学科要素体系既包括了学科研究什么，也包括了学科怎样研究，还包括了学科研究的结果。

每一门理论学科都有其特定的研究对象或研究领域。例如，经济学研究经济，犯罪学研究犯罪，编辑学研究编辑活动。而研究的这个对象或领域又包含许多方面的内容及广泛的外延，所以对于研究的范畴需要有一个较明确的界定。在这个基础上，又可以对学科进行再分类，如统计学可以分为理论统计学和应用统计学，经济学可以分为微观经济学和宏观经济学等。

每一门学科与其他学科存在联系与区别，可以让我们更加清晰地界定学科。每一门学科，它都不可能完全独立于科学体系之外，它或多或少地都会跟其他学科有着这样或那样的，直接或间接的联系。但是，作为一门独立的学科，又应该与其他学科有着明确的不同。通过了解学科与其他学科的联系与区别，能够让我们搞清楚学科的界限。在认知上，进一步加深对学科的认识和理解，以更好地促进学科的建设和发展。

每一门学科都有其现实应用价值，现实应用是对学科认识的一个外在扩展。学科不仅仅是一种学术研究，它还指导着人们如何解决生活和生产中的各种问题，具有很强的现实意义。只有充分认识到每门学科的现实应用价值，我们才能更好地学习、应用和发展这门学科。

学科，作为一个高于实践的系统理论研究。要有明确的研究方法及其借助的工具，如数学及经济学中的数模应用告诉我们如何去学习这门学科，如何去学好这门学科，同时也在一定程度上对学科作了说明。

三、学科与专业的关系

学科的一个含义是作为知识体系的科目和分支。与专业的区别在于学科是偏就知识体系而言，而专业偏指社会职业的领域。一个专业可能要求多个学科的综合，而一个学科可在不同专业领域中应用。学科的另一个含义是高校教学、科研等的功能单位，是对教师教学、科研业务隶属范围的相对界定。长期以来学科和专业的概念经常被混淆，专业被等同于二级学科。在这种观念指导下，高校中必然出现学科建设的分化现象，造成学科之间各自独立分割，资源不能共享；在人才培养方面表现出过于专门化，知识面不宽；在科研方面也表现出研究方向狭窄和整体效益低下等。

专业和学科是不同的，但也密切相关，相辅相成。专业以学科为依托和后盾；学科的发展又以专业为基础。一方面，学科为专业建设提供发展的最新成果，可用于教学的新知识、师资培训、研究基地建设等；而专业主要为学科承担人才培养的任务和奠定发展的基础，更主要的是为社会的发展提供高素质的劳动者。另一方面，从面向社会培养人才的角度来看，学科的作用是间接的，在专业定位及培养目标、专业口径、教学计划、教学内容、教学方法、教学手段的研究与使用、教材的选用、实验设计与开设、教学管理制度等方面的问题，专业建设的作用是无法替代的。因此，将专业与学科混淆，或主张学科建设代替专业建设的观点是不正确的。以学科建设代替专业建设的结果必然是削弱专业特有内容的建设，不利于专业的改革与发展。因此，理清关系、搞好专业建设，给专业建设适当的地位很有必要。

第二节 包装学科的内涵及特征

包装学科是以商品生产和物流过程中的包装件及其形成的包装系统为研究对象，研究它们的功能形成、功能组合与功能发挥的规律，是一门将自然科学和社会科学、人文科学融为一体的综合性交叉学科，是社会生产力和现代科学技术迅速发展的必然结果，是生产社会化程度越来越高、商品生产越来越发达和经济交流范围日益扩大的客观要求。作为一门新兴的学科，包装学科是科学技术的一个组成部

分，其学科内涵、理论体系和学科基础都处在不断发展和完善之中。

现代科学的发展已经打破了传统的学科界限，出现了边缘学科和综合学科。包装学科是一门自然科学和社会科学相互交叉的边缘学科，它将社会科学、自然科学、人文科学等密切联系起来，促使理、工、医、农、文与艺术领域的某些学科互相交叉、互相渗透、互相融合，从而形成了具有包装特色的包装学科。湖南工业大学宋宝丰根据学科的本质特征，对包装学科的内涵进行了归纳总结，认为包装学科具备成为一门学科的特征，如范畴性、论著性、系统性、创造性、发展性和检验性等。

一、包装学科的范畴性特征

所谓学科范畴性，是指一门学科应具有明确的研究对象、研究范围或研究领域，包装学科研究的主要对象是包装及与包装相关的要素。包装的定义，在不同国家或不同时期是不同的，我国国标中对包装所规定的意义十分明确：包装是指为在流通过程中保护产品、方便储运、促进销售，按一定的技术方法所用的容器、材料和辅助物等的总体名称；也指为达到上述目的，在采用容器、材料和辅助物的过程中施加一定技术方法等的操作活动。从此定义出发，现代包装有两层涵义，如果静态理解，包装是指容器、制品、材料和辅助物等，也就是包装企业所提供的各类包装产品；如果动态理解，包装是指为了制造出上述各类包装产品或使用上述包装产品所采用的技术、方法及加工操作和管理程序等。因此，包装具有非常明确的研究对象和研究范围，符合成为一门学科的范畴性特征条件。

中国包装工业发展规划（2016—2020 年）将包装工业定义为服务型制造业。包装工业是包装学科的主要服务领域，包装工业的属性赋予了包装学科的服务性内涵。包装产品的服务对象具有多层次性，设计合理的包装产品不仅能够充分地保护内装物，还应具备便于生产制造、方便流通、便于用户使用、便于回收或自然降解的作用，其中体现了包装与人、与设备、与环境、与被包装物的多层次和谐关系。为了实现包装的多层次服务功能，需要包装材料学、人机工程、物流工程、系统工程、包装机械、包装心理学、计算机技术、经济学等知识体系的支撑。

二、包装学科的论著性特征

所谓学科论著性，是指一门学科具有研究、传播或教育的一系列人群活动，且有代表作问世。随着第二次世界大战后经济的复苏和发展，国际上包装科学、包装技术及包装工业得以迅速发展，涌现出了一大批从事包装学研究、包装技术开发和包装教育的专家和学者，根据他们的研究成果，先后出版了一系列很具影响的代表性论文和著作。例如,《缓冲包装动力学》、《包装设计》、《包装评价方法》、《包装测试技术》、《包装 CAD》、《包装工程手册》、《包装装潢设计手册》、《运输包装手册》等书籍纷纷出版。此外,许多国家依据包装工业及科技的发展,陆续制订出有关产品的包装标准、包装设计规范及包装测试方法等。

改革开放以来,我国现代包装事业同样取得了巨大成就,包装科技和教育也快速发展。国内包装类学术期刊的发展为包装学科研究成果的交流提供了巨大帮助,如《包装工程》《包装学报》《包装与食品机械》。包装科研部门、企业部门和高等院校中一大批专家、学者和教授潜心研究、勤奋工作,将包装科学、技术与其他学科不断地进行交叉和融合,并对研究成果进行了总结、梳理与提升,出版和发表了卓有成效的科技论文、包装专著和包装教材等。包装事业发展中形成的一系列典型著作代表着包装学科在理论体系上的成熟和完善。

国内外包装学科系列论著的出版,是对包装学科研究成果的系统性梳理,使包装学科的研究和发展具有继承性、持续性、系统性。包装学科对包装行业生产和科研的支撑力度更加深入,支撑作用更加全面。

三、包装学科的系统性特征

所谓学科系统性,是指一门学科具有相对独立的内容、原理或定律,有已经形成或正在形成的学科体系结构。从包装发展史可以看出,现代包装的知识体系通过半个多世纪以来的不断丰富和逐步完善,最终形成了一个现代包装的知识体系,包装学科的知识体系与其他学科的知识体系具有相对的独立性。

包装学科知识体系是一个符合交叉学科性质的学科知识体系结构。现代包装学科包括 3 大部分:包装自然科学、包装社会科学和包装工程技术科学,其中前两者属于基础科学范畴,而包装工程技术科学属于应用科学范畴。这 3 大部分的每个大学科都包括若干分支学科,包装自然科学包括包装材料学、包装动力学、包装机械学、包装工艺学、食品与药品包装学、军品包装学和危险品包装学等;包装社会科学包括包装管理学、包装经济学、包装物流学、包装心理学、包装市场学和包装环境学等;包装工程技术科学包括运输包装设计、销售包装设计、包装过程自动化、产品包装试验及评价、防伪包装技术、包装回收利用技术和包装 CAD/CAM/CAE 等。

包装学科是一门系统学科,要用系统论的观点认识包装,用系统的方法分析包装,用系统的知识和手段研究包装,共同构成一个完整的知识体系和一个有机统一的学科。包装学科要求对包装设计、包装管理等问题的研究加以综合分析与平衡,既要考虑技术上的先进性,又要考虑工艺上的可行性,还要重视经济上的合理性。

包装学科已经形成了一个综合体系，把人类长期积累起来的包装实践知识进行改造和深化，并与多门学科的相关知识加以综合、交叉与归纳，融合到一个学科框架中，上升为理性知识。因此，包装学科是在综合了多门学科的理论和方法的基础上形成的科学体系。

四、包装学科的创造性特征

所谓学科创造性，是指一门学科在发展中应具有独创性和超前性。实际上，无论是运输包装，还是销售包装，一个包装工程师和设计师都应该懂得创新的重要意义。市场竞争如此激烈，凡没有创新特色的产品必将在货架上消失。互联网技术的迅速发展，对人们的生产及生活方式产生了巨大冲击，个性化的需求及全新的商品流通方式使商品形态发生改变，需要更有创造性的包装设计满足商品的线下流通需求。凡是成功的包装产品或包装设计项目，必须应用先进技术，形成独特构思，体现创新特色和发挥艺术手段，使其获得市场的认可。体现在学科建设上，可以看到很多包装理论和设计技术，正在指导着包装企业的技术创新和产品的开发，推动着包装产业的迅速发展。

五、包装学科的发展性特征

所谓学科发展性特征，是指一门学科不是单纯由高层学科或相近学科推演而来，其地位不能用其他学科替代。包装学科虽然还是发展中的学科，但已经形成了一整套系统的包装学科理论体系。这套理论体系虽然融汇了其他学科中有关原理和方法，但是由于其理论体系组成了一种交叉学科，因而具有其他非交叉学科和其他交叉学科所无法替代的学科特色。

包装学科是在适应人们不断对包装科学提出的客观要求的基础上产生的，是随着商品社会的发展而形成的新的知识体系。包装学科研究的课题来自生产、流通和消费的需要，研究的成果又直接应用于生产、流通和消费的实际的需求。包装学科能适应社会发展和人们生活不断改善的需要，发展了商品生产服务，繁荣了市场服务。包装学科为商品包装经营管理部门、生产企业和消费者提供了包装使用价值的理论知识和信息。

包装行业的发展不断推动着包装学科的进步，并赋予包装学科新的内涵。如包装的保护性作用，不再单纯出于对产品本身的保护，还包括对产品使用者人身安全的保护、对环境的保护、对资源的合理使用、对包装操作者的保护等。如药品包装及药品智能包装，除了要考虑保护药品本身，还要考虑方便病人安全服用的问题。包装保护作用的延伸，需要包装学科知识体系的不断发展与整合。"互联网＋"及电子商务的发展，进一步对包装学科提出了新的挑战，了解客户对电子商务产品的消费动机，把握电子商务产品流通环境特征及破坏因素影响，对于促进电子商务的迅猛发展具有重要的作用。

包装学科的发展与形成，使包装产品的高科技含量越来越多，由于包装学科属于综合性学科，所以，在其发展中必会使其他学科的新理论、新方法、新技术和新工艺等融合和渗透到包装学科中来。例如，包装材料激光切割技术、超高阻隔包装材料、智能化包装自动生产线、纳米级复合软包装、电脑模拟自动控制、全球卫星数据系统监控运输包装和数字化印刷技术。又如有限元仿真分析技术，最早用于航空航天领域，逐渐拓展到机械、土木、汽车等领域。近年来，国内外许多包装学科学者利用有限元分析技术研究包装材料、包装结构或包装系统的性能，并与包装实验测试技术及理论分析技术相结合，丰富了包装学科学习工具，充实了研究手段，高效地解决了许多采取传统方法难以解决的问题。

六、包装学科的检验性特征

所谓学科检验性，是指一门学科能经过一段时间的考验和实践的检验。自 20 世纪 30 年代开始进入现代包装以来，到基本建设完成比较完整的包装学科体系，经历了长达半个多世纪时间的实践和不断完善，包装学科的理论与方法指导了包装行业科技水平的提升，促进了包装产业的发展，已经得到包装行业长期生产实践的检验。目前，国际上一些知名大学中，不但有好几十年培养包装专业硕士生的历史，而且已经建立起包装专业博士生的学位制度。这说明包装学科的发展和形成，既促进了企业经济的发展，又推动了人才的培养，同时学科本身又在这个过程中得到充实和提高。1982 年，美国包装学者海伦（Hanlon）在主编的《包装工程手册》一书序言中写道："作为现代包装技术理论基础的知识体系正在形成，这个知识体系最后必将跻身于已有的科学之林。"

第三节 包装学科的研究对象与研究内容

一、包装学科的研究对象

一门学科应具有明确的研究对象、研究范围或研究领域。包装学科研究的主要对象是包装及与包装相关的要素。产品经过包装所构成的总体称为包装系统。包装系统包括包装内容物、包装材料与包装容器、包装介质和包装技术形态四大要素。包装系统的转移过程中，四大要素不可避免地要与各种流通环境因素发生相互作用，受到流通环境的制约，因此流通环境也应该是包装学科研究的对象。

1. 包装内容物

包装内容物是包装系统保护和服务的对象，包装学科必须对包装产品（内容物）进行研究，这种研究是着眼于它对包装功能的要求以及以包装学的观点对包装产品提出的要求。

流通过程的产品，要受到装卸过程的冲击、运输过程的震动、仓储状态的堆码以及气象环境条件（温度、湿度、太阳辐射）等多种因素的作用，产品本身的易损特性及对流通环境的敏感性，是影响包装系统功能的决定性要素之一。在包装动力学中，产品抵抗破损的能力用"脆值"表示。在国标 GB 8166《缓冲包装设计方法》中，脆值定义为产品不发生物理损伤或功能失效所能承受的最大加速度（以重力加速度 g 为单位）。包装学科基于产品的"脆值"，建立了产品缓冲包装设计的理论体系。

2. 包装材料与包装容器

包装材料是对产品构成包装的主要材料及其辅助材料的总称，而容器则是包装材料的构成形态。包装学研究材料是从满足包装功能要求方面来选用包装材料、创造新性能包装材料及其组合材料（二次材料）的。例如，纸是一种常用包装材料，瓦楞纸板、蜂窝纸板就是典型的二次材料，纸塑复合材料等又是另一类二次材料。泡沫塑料缓冲材料的出现，促进了大宗商品的流通，使产品长距离的安全流通得到保障。瓦楞纸板及瓦楞纸箱的出现及广泛应用，引发了物流包装行业的革命性进步。蜂窝纸板及其他蜂窝纸制品使得重型包装形式更加丰富，促进了绿色包装的发展。纸塑复合材料综合了纸质材料环保特性及塑料材料的高阻隔、易加工性能，使包装的形式更加多样化。

3. 包装介质

包装介质是内容物与包装物之间的那部分物质。无论是人为给予的还是外部环境给予的，这部分都是直接与内容物接触并发生作用。在保鲜包装、防锈包装、真空及充气包装等场合，包装介质的研究都十分重要。如充气包装，CO_2、N_2、O_2 三种气体在充气包装中是最常用的气体，既可单独使用，也可按一定比例混合使用。充气包装要依据产品生理特性、变质原因及流通环境特点选用。一般对于豆制品、奶粉、果汁等，采用充入氮气的包装形式可防止食品氧化；而在面包、年糕等食品的包装中充入二氧化碳可防止食品发霉；在花生仁、杏仁等坚果类食品中充入二氧化碳和氮气，可防止坚果氧化、吸潮、香味失散等。

4. 包装技术形态

包装技术形态是上述三要素的科学合理的组合，它通过一定的技术方法而实现，组合的结果往往通过包装形式表现出来，如矿泉水的包装，其包装技术形态一般就是采用 PET 瓶包装。

除上述要素本身的技术性能和要求之外，包装物的结构、造型、装潢、容器的密封形式等构成了包装技术形态的主要内容。这一领域的内容极为丰富，涉及的基础和应用技术学科十分广泛，这就构成了包装学科理论体系的综合特色。

5. 流通环境

商品流通环境是指对商品流通产生影响的外在制约因素。物资的流通是现代社会经济活动的重要组成部分，产品必须经历流通过程，其经济价值和社会价值才能得以实现。流通过程是指产品从制造出厂到用户消费终止的全过程，包括产品及包装制品、包装系统的运输、中转、装卸、仓储、陈列、销售、消费等环节，甚至还包括包装废弃物的回收处理和循环再利用等。

一切流通活动都是在一定的流通环境条件下进行的，流通环境对商品流通活动有着巨大的制约和影响作用。流通过程可以归纳为三个基本环节：装卸搬运环节、运输环节、储存环节。装卸搬运环节包装系统主要受到冲击而发生损坏，对于冲击负荷比较敏感的产品需要加强缓冲包装。运输环节的主要破坏因素包括震动、冲击、气象条件（温湿度的影响）以及生化因素、机械活性物质的影响等。储存是产品及包装系统流通过程的一个重要环节，为了提高仓库的使用效率，产品及包装件储存时往往采取堆码的方式进行，因此储存时底部包装件要承受上部包装件的静态压力，同时在储存状态下，仓库的温湿度变化、气压等均会对产品或包装的性能造成影响。

二、包装学科的研究内容

包装的自然功能和社会功能统一于包装件或产品包装客体。二者的优化结合，是包装符合"科学、牢固、美观、经济、适用"要求的标志，是取得良好经济效益和社会效益的前提。因此，探讨包装自然功能和社会功能实现优化结合的规律性和切实可行的有效方法，是包装学研究的中心内容。概括来说，包装学研究的主要内容和任务包括以下几个方面。

1. 包装理论研究

包装理论研究包括：研究包装的构成要素和包装的功能，阐述包装发展与经济、政治、文化、艺术和科学技术等的关系，树立科学的包装概念；考察包装演变的历史过程和科学技术的发展过程，探求包装发展的规律和趋势；研究包装分类的原则和方法，以利于包装研究、设计、生产、应用和管理等工作的进行；研究包装

科学与自然科学、工程技术科学和社会科学的关系，促进包装教学、科研和设计水平的提高，完善和发展包装工程学科体系。

2. 包装容器设计

包装容器设计包括：研究包装容器的设计理论、制造方法，结合商品竞争、包装策略的要求，探求提高包装设计成功率的条件，促进包装设计现代化，以适应企业的市场经营策略；研究包装件以及内容物在物流过程中的流通环境、运动规律及其科学描述方法，为设计和生产科学、合理、适宜的包装提供准确依据；研究内容物的自然属性和变质损坏的规律，探求新的包装原理和技术方法；研究现代科学技术成果在产品包装中的应用，加速包装的现代化进程。

3. 包装艺术设计与促销设计

包装艺术设计与促销设计包括：研究包装造型与装潢设计的基本原理与实践；研究包装促销的原理及其与包装件诸要素的关系；研究包装材料、结构、工艺等工程技术问题与包装造型和装潢设计等艺术问题在包装设计中的协调与统一。

4. 包装的评价

包装的评价包括：研究包装的质量指标、经济指标及其评价方法；研究包装对环境与资源的影响与包装产品的生命周期评估（LCA）。

上述研究内容，具体到包装工程学科的理论体系中，就是构成包装自然科学与包装社会科学的若干骨干课程（或知识结构），它们大都源于现代工程技术科学的各个分支，服务于产品包装的安全、可靠、方便和美观等设计目标。

第四节　包装学科与相近一级学科的关系

包装学科重点研究包装和产品结合的最佳功能组成、包装设计及理论与包装制造技术；研究在保证包装功能实现的条件下，达到产品安全-资源节约-环境友好三者之间的优化过程。包装工程学科以包装设计、制造和流通过程中的包装件及其形成的包装工程系统为研究对象，以实现包装保护产品、方便流通、促进销售、提高产品附加值的功能和节约资源、保护环境等可持续发展的研究目的，其知识体系涵盖产品包装材料、技术、工艺、设备等生产要素，贯穿包装结构、形体、装潢等工业设计，包装容器的制造，产品包装的实施，包装产品的运输、储存及销售，包装的回收、复用及废弃物处理等包装生命周期的所有环节，已逐步成为一门自然科学、工程技术和人文社会科学相互交叉的综合性学科。包装学科主要解决相关的科学、技术和艺术问题，同时也考虑相关的经贸、管理、环境、法律、心理、文化和社会等问题，力图探索实现包装的自然功能和社会功能优化结合的规律与方法。

包装工程涉及众多的工程学科，与其相关性较强的一级学科及其关系体现如下。

一、轻工技术与工程

轻工技术与工程学科涵盖农副产品加工、塑料、食品、造纸、皮革、五金、日化等众多工程领域。该学科所涵盖产品是包装技术的主要服务对象，包装的主要研究对象是包装制品和包装技术，内容物本身就属于包装系统的一部分，完美的包装设计也需要对内容物的基本物理及化学属性有充分的认识。轻工技术与工程学科的众多研究领域（如造纸、塑料、皮革等）与包装学科密切相关：一方面，轻工技术与工程的许多成果促进了包装技术的进步；另一方面，产品包装要求的提高促进了轻工技术与工程领域新技术的发展。

二、材料科学与工程

材料科学与工程学科为包装学科，特别是包装材料学、包装材料成型加工等提供了重要的理论与技术基础。包装材料学是材料科学与工程的一个分支，它有别于其他一般材料，侧重于产品包装功能的实现，但它又不能脱离材料学，是材料学在包装应用领域的具体化。包装材料的加工也是材料加工工程的一个分支，它的很多理论和技术来源于材料加工工程，是材料加工工程的基本理论和技术在包装领域的具体运用。

三、食品科学与工程

保证食品的质量与安全是食品科学与工程、包装学科共同关注的研究领域。食品科学与工程技术主要解决食品加工及其新产品开发，从生产角度关注的是食品生产的前置技术，而包装学科关注的是食品从加工到形成真正意义商品的后续技术，关注加工食品的储运、销售等保质包装技术以及包装材料与食品的相容性。只有解决了产品加工、储运包装等系统工程技术，才能真正确保食品生产和销售的质量与安全。近年来出现的食品包装新技术，如无菌包装、活性包装、气调包装、智能化包装等无一不是两个学科技术的综合体现。

四、机械工程

机械工程学科的相关理论方法为包装学科特别是为包装机械学提供了重要的理论与技术基础。包装机械学是包装工程学科的重要分支，它不同于一般的机械学科，包装机械学与包装产品的具体特性密切相关，需要充分结合产品特性及包装材

料、包装结构、包装工艺、包装过程控制等，具有很强的过程和系统特征。

五、工业设计

工业设计学科是包装学科最邻近的交叉学科。虽然两者有相似之处，但存在着根本区别。第一，研究对象与范围不同，工业设计的中心问题是有一定规模的产品，而包装的中心问题是保护产品的容器、制品和材料等。第二，两者的发展背景和文化特征不同，工业设计的发展途径是从艺术设计为主逐步走向技术设计，然后两者融合；而包装发展途径是从技术设计为主逐步走向艺术设计，然后两者融合，尽管如此，工业设计与包装设计仍然各具特色。第三，工业设计和包装设计都离不开各类材料，但工业设计强调的是了解和掌握材料的特性，用以正确选择后满足工业产品造型要求；而包装不但要了解各种材料的性能，还要懂得这些材料的工艺生产过程，并且要开发研究新型材料，形成包装材料市场。由上述分析可知，既然工业设计学都不能替代包装学，更不必说其他学科了。包装设计的立足点建立在技术与艺术相结合、充分考虑社会综合效益、尽量减少环境成本的基础上，是产品安全-资源节约-环境友好三者之间的优化过程。其在充分考虑艺术表现的同时，更加注重包装材料、包装结构的选择和创新，注重商品流通中供应链的构成，注重包装废弃物的回收和再利用，而一般艺术设计主要注重的是艺术表现。

由此可见，包装学科是自然科学、社会科学与工业技术交叉的学科，研究的是产品的包装。虽然还与有关产品的工业设计、材料科学与工程、物流工程等学科有或多或少的联系，但包装学科的研究对象、研究方向及内容不同于任何其他学科，任何其他学科都不能涵盖和替代它的内容。它们的主要区别表现为：包装物是一次性使用的工业品，它只需要实现它对产品的服务功能，产品一经使用，包装即被废弃；这和其他独立存在、持续使用的工业产品根本不同，后者强调长期使用时功能的稳定性和可靠性。因此，包装学科的理论基础建立在包装防护功能的研究上，并且引申出更多的包装安全、废弃物回收利用和环境保护课题。

第二章　包装学科的发展追溯

第一节　包装学科的起源

一、包装学科的产生

发达国家的包装工程专业教育始于 20 世纪 50 年代初，美国是第一个设置包装工程专业的国家，密歇根州立大学建立了世界上最早的包装工程学院，并在 20 世纪 90 年代初形成了从学士、硕士到博士的包装工程人才培养体系。

1855 年，美国密歇根州政府从私人手中买下一片土地，开办了世界上第一所农学院，而创立包装专业的想法则是 1950 年由密歇根州立大学森林产品计划部主席 Alexis J. Panshin（潘辛）博士和 John Ladd 提出的。他们认为大学的包装课程将吸引年轻人进入包装行业，可为包装企业提供新型人才，同时，这些新型人才可能被扩散到不同的领域，具有很大的潜在价值。经历第二次世界大战的资深专家保罗·赫伯特博士曾经目睹了由于包装不良而导致的数百万美元的损失。于是 1952 年 9 月 1 日，在森林产品计划部的潘辛博士和保罗·赫伯特博士领导下，包装作为一门学科在密歇根州立大学的森林产品计划部创建。当时主要研究木纤维容器、集装箱包装、集装箱处理和装载等问题。包装研究所由 Larry Burton 博士领导，于 1953 年 4 月完成包装行业需求调研报告，其中概述了相关包装课程的需求和推荐内容，包括 7 个包装类专业课程：包装、木材和造纸技术原理、包装材料、工业包装、消费品包装、包装成本分析、包装

问题研究等。1953 年，包装学院主办了两次军品包装会议，并在芝加哥海军码头举办了国家包装博览会。1954 年创立了包装协会。1957 年，密歇根州立大学董事会将包装学科与森林产业部分开，建立了独立的包装学院，以潘辛博士为主任。学院从创立之初始终坚持与包装产业对接互动，获得了企业的援助并提供咨询，成立了行业咨询委员会，为筹集资金（200 万美元）建立实验室，还设立了包装基金会董事会。这种企校共建模式极大地促进了该院的发展，并且这种优良的模式延续至今。

二、主要研究领域及带头人

1. 食品包装领域

Bruce R. Harte 教授是密歇根州立大学包装学院的荣誉教授，是食品科学与人类营养系荣誉教授，也是密歇根州立大学杰出教授，并获得了国际包装研究机构协会（IAPRI，International Association of Packaging Research Institutes）颁发的包装科教终身成就奖。1979 年 1 月至 2012 年 12 月任职于 SoP-MSU（Michigan State University-School of Packaging），任内扩展了包装教育的海外学习课程，开始了第一届包装学博士的培养。在世界范围内启动了在线包装硕士（MS）课程，并增强了学院的研究能力和对外拓展。Harte 博士于 1987～2007 年兼任学校食品及药物包装研究中心副主任，一直热衷参与包装领域国际交流，并于 1993 年成为 IAPRI 的执行委员，与美国和国际上的包装领域制造业企业有大量的合作。他率先将材料科学应用扩展到食品包装领域，以提高食品质量。

2. 运输包装领域

加里·伯吉斯（Gary Burgess）教授是密歇根州立大学包装学院的资深教授。自 1984 年以来，其完成了运输包装行业的许多项目，其研究方向覆盖航运领域的包装设计及运输安全，包括防冲击、振动及温度变化的运输包装设计，航运环境的测试等。按照美国材料与试验协会 ASTM（American Society for Testing and Materials）、国际安全运输协会 ISTA（International Safe Transit Association）和国际标准化组织 ISO（International Standardization Organization）协议对包装制品进行性能测试，评估新的缓冲和绝缘材料。他率先将冲击、振动理论应用于包装运输领域。

3. 医药品包装领域

劳拉·比克斯（Laura Bix）博士是密歇根州立大学包装学院的教授，是克莱姆森大学兼职研究员。她目前被任命为国际标准化组织（ISO TC122 WG 9）的美国代表，负责制定一些检测包装可行性的标准。在 2004～2007 年曾担任美国材料与试验协会 D10.32 委员会（其他各种材料）副主席，负责消费者委员会、制药和医疗包装委员会。她自 2002 年以来一直是柔性阻隔性材料委员会委员。2008 年，其被医疗器械、设备和医疗诊断行业评为 100 年内最杰出的代表人物之一。

4. 高分子包装材料领域

Laurent Matuana 教授是塑料工程师学会（Society of Plastics Engineers，SPE）的研究员，担任董事会以及 SPE 的乙烯基塑料部技术计划委员会成员。目前，是两本刊物的编委会成员，是"乙烯基树脂与添加剂技术杂志"的副主编。其研究领域为生物材料制备，重点是利用自然和可再生植物资源开发用于包装和其他创新应用的可持续性高性能产品。他的研究主要集中在与制造过程相关的基础问题上，同时开发材料配方以创造新类别的产品或改善现有材料的缺点。其研究方向为：提高生物塑料薄膜的阻隔性能和灵活性；具有超临界流体的微细胞生物泡沫的聚合物处理及包装应用；基于生物塑料和纤维素纳米晶体和纤维素纳米纤维的纳米复合材料研制；刚性和柔性包装和其他应用的混合材料研制；生物塑料与环保植物性添加剂的功能化和相容化，以增强膜的柔性和阻隔性能研究等。

5. 包装与环境领域

苏珊·塞尔克（Susan Selke）是密歇根州立大学的教授，在学院任职 30 多年，目前是包装学院院长，于 2012 年获得 MSU 的杰出教师奖。她的研究包括包装的环境影响及可持续性；塑料回收及可生物降解和生物基塑料；塑料与天然纤维的复合材料；包装生命周期评估；纳米技术及包装应用等。她主编及参编了《包装材料和包装与环境问题》等书籍。

6. 包装经济管理领域

Diana Twede 教授是 SoP-MSU 的资深教授、《包装技术与科学》期刊的主编，兼职于 MSU 供应链管理部门，是部门和学院之间的沟通桥梁。其对可重复使用的运输集装箱的回收，包装经济和管理以及包装历史有特殊的兴趣，致力于包装生产、营销和售后系统的经济管理与执行。其研究方向主要包括：与美国农业部农场服务机构合作，评估美国粮食援助计划包装合理性；运输集装箱的性能及防止运输损坏；运输集装箱的历史；可重复使用的运输集装箱和托盘的经济性和运行效果；瓦楞纸板印刷经济性等。

第二节　包装学科的发展——以
密歇根州立大学为例

　　回顾包装学科发展历史，国外包装工程专业最早分别是作为食品科学技术系的加工与保存技术、机械与电子工程系的机械电子设备的储存运输技术、造纸工程系的纸品加工应用技术、材料系中的高分子阻隔材料应用技术等出现的。随着商品经济的发展，人们逐渐认识到包装技术已经成为商品的加工、储运、流通中的一项关键而综合性的专门技术，有必要单列为学科。

　　任何一门新学科在产生之初都会备受争议，包装学科在美国创立之初，其学科地位也受到一定的质疑。因此，1952 年在 MSU 的农学院林木系内，依托于林学开设了世界上第一个包装本科专业。在不断的质疑与争议中，包装学科不可抗拒地发展起来，一经开办，就显示出了很强的生命力。于是 1957 年包装专业从林木系独立出来，成立了包装学院，行政依旧隶属农学院管理。包装专业的本科毕业生非常受企业的欢迎，而且包装学院还培养出了世界上第一个包装硕士和包装博士。自从世界上第一个包装专业及其学科于 1952 年秋季诞生于密歇根州立大学以来，美国现在具有包装专业的大专院校约 39 所，有包装硕士专业的大学 3 所，包装博士专业的大学 1 所，包装专业毕业生每年有 500 名左右。在美国，包装专业办学水平处于前四位的是密歇根州立大学（Michigan State University）、威斯康星斯陶特大学（University of Wisconsin-Smut）、罗切斯特理工学院（Rochester Institute of Technology）和克莱姆森大学（Clemson University）。其有真正意义上的包装工程专业，这 4 所大学均开设了包装专业研究生的培养方向及课程设置。作为包装高等教育的先驱，密歇根州立大学包装学院的包装工程教育一直是世界各国包装学科高等教育的典范。自从 1952 年建立包装专业以来，已授予包装学科学士学位 5500 余名，包装学科硕士学位 250 余名。1998 年，世界上第一位包装学科博士就产生于此，它几乎是现在全美大学包装专业教育工作者的摇篮。

一、包装学院的发展概况

　　密歇根州立大学（Michigan State University，MSU）成立于 1855 年，是一所位于美国密歇根州东兰辛市的公立大学，离底特律国际机场约 2h 车程。现有约 48000 名学生，教职员工约 5000 人，占地约 21km²。该大学在美国大学排名第 70，进入世界排名 100 强，以教育、农业和通信理论闻名，同时也是包装与音乐治疗领域研究的先锋。该大学的教育硕士课程研究在全美国排名第 1，原子核物理学研究排名第 2，仅次于麻省理工学院。

该大学的包装学院隶属于农业与自然资源学院。密歇根州立大学包装学科创立于 1952 年，当时是森林系下属的一个研究方向，于 1957 年成立了独立的学校。密歇根州立大学包装学院（SoP）是包装学科和技术领域的先驱和领导者，有 60 多年的办学历史，20 世纪 90 年代具备了学士、硕士、博士培养体系。

二、学科建设发展历程

密歇根州立大学包装学院的历史使命是培养包装专业人士和创造、创新合理的包装解决方案来提高或保持包装制品质量，提高生产效率并减少浪费。包装学科是以自然科学为基础，并强调商学，以社会学和心理学作为其组成部分。包装学院为满足人们的需求，不断变革其组织模式，令学院保持生命力。该学院通过丰富的教育经验和前沿的科学研究，为密歇根州和世界各地人们的经济发展和生活品质提高做出了贡献。

密歇根州立大学包装学院在包装教育上的定位：包装学科是一门基于自然科学和数学的工程学科，但是，它含有很强的商学、社会学和心理学的成分，应该教会学生分析社会、科学、环境和商务问题的能力，并能综合解决这些问题，以造福世界环境和人类。在这里，他们明确地回答了包装专业的学科基础和学生的培养方向，为办出有特色的包装教育奠定了基础。从这个定位出发，该学院设置了一套"厚基础，宽口径"的课程。在这套课程下，学生不但学到扎实的包装工程知识，还能掌握相当的社会科学知识。按要求，包装专业的学生比商务专业的学生能掌握更多的工程知识，又比工程专业的学生能掌握更多的商务知识。基于这样的定位，他们培养出既有工程专业知识，又有商务知识的学生，这样的学生，一直受到美国企业界的欢迎。

美国高等教育具有高度市场化的特点，然而报名包装学院的学生还是逐年增加，在 1980 年达到了最高 1000 人。此后，包装学院开始限制学生人数，但学生报名仍很踊跃，学生总人数常年保持在 500 人左右。该学院毕业本科生非常受企业的欢迎，硕士生和博士生总数常年约 50 人，成了世界包装教育的一面旗帜。

1960 年该学院与通用汽车公司（General Motors and Proctor and Gamble）合作，研究缓冲材料、水蒸气透过率、热封方法、包装材料的机械加工性、气体渗透性和包装经济性等课题，研究活动都得到了业界的广泛支持。1962 年，该学院将包装管理添加到专业教学中。1963 年创建了一个新的缓冲/振动及机械/统计质量控制专业方向。1964 年，由公司和私人捐助资金完成了包装大楼的建设，于

1986 年完成了大楼的增建部分，使基础设施得到了重大改善，并有助于适应更高水平的科学研究。1966 年，詹姆斯·戈夫（James Goff）博士被任命为包装学院院长，该学院第一次有了独立的预算，成立了 MSU 包装协会及包装校友会。

1976 年，该学院与美国农业部签署了合作协议，负责对粮食援助包装的技术支持，包括测试方法开发，对马尼拉、非洲、印度和海地的出货进行测试监控，许多学生参与了这项持续 25 年的研究合作。1977 年，切斯特·迈克斯博士被任命为院长。

1980 年 MSU 包装日本分会成立，1981 年在英国提供了第一个海外包装研修计划项目。1986 年在瑞典提供了第一个包装研修计划项目，1981 年行业咨询委员会重新成立，1985 年 MSU 主办了第四届国际 IAPRI 大会，1986 年哈罗德·休斯博士被任命为董事，1987 年包装大楼扩建完成，对包装课程进行了重组，增加了包装材料课程的比重，增强了技术研究重点，实现了管理和技术合并，评选了"包装十大成就"，以表明成员机构为改善世界人们的生活所做出的宝贵贡献，确立了包装的终身教育计划。1988 年成立了食品和药品包装研究中心。

1990 年成立了分销包装联盟。1993 年 Bruce Harte 博士被任命为董事。1994 年首次提供海外的日本包装专业学习计划项目。1999 年提供了西班牙的包装专业学习计划项目，与都柏林大学（University of Dublin）、爱尔兰科克大学（University College Cork）、法国兰斯大学（University of Reims）和巴西 MAUA 大学（University of MAUA）开展了交流项目，正式确立了国际访问学者学士学位培养计划项目。1996 年首次提供博士学位培养项目，升级了分析实验室，扩大了塑料制品加工能力，并获得了计算机辅助样品分析设备。

2001 年秋季，远程的硕士培养学习计划开始进行。2002 年 6 月，学院成立 50 周年院庆，在美国东兰辛举办了世界包装大会（IAPRI 会议）。2009 年 10 月，Joseph Hotchkiss 博士被任命为董事。

三、研究方向及主要成果

从 20 世纪 60 年代中期到 70 年代末期，该学院开始重点发展包装领域重要专业知识的研究，在物流包装及防护包装领域获得了国际上的广泛认可，将计算机技术应用于缓冲包装设计、包装内容物的脆值评估、物流动态和物流环境的建模方面，该学院在这一领域持续享有全球声誉。在 20 世纪 60 年代有关水蒸气渗透性的研究以及 80 年代在该领域基础上的进一步拓展研究，使该学院被誉为物质渗透和迁移领域的领导者。该学院在包装的货架寿命、食品包装、产品与包装兼容性、包装的防破损与易辨识性领域都取得了令人瞩目的成绩，这些研究规划今天仍在继续。表 2-1 所列为 MSU 在 20 世纪的主要研究项目，表 2-2 所列为 MSU 教师编写的主要书籍，具体呈现了该学院分阶段的研究方向和成果。

表 2-1　MSU 在 20 世纪的主要研究项目一览表

序号	项目名称	项目年代
1	包装的冲击与振动研究	
2	邮政包装损失、损害研究	20 世纪 70 年代
3	瓶装水立法的经济效应研究	
1	火车和卡车运输的动力学测量研究	
2	包装拆装识别研究	
3	烟草香气阻隔、香味吸附和制品的力学性能研究	
4	HDPE 奶瓶回收、HDPE／木纤维复合材料性能研究	
5	儿童耐用品包装的创新与评价	
6	塑料及化合物材料气味吸收与释放	
7	通过无定形聚酰胺建模吸附水蒸气的研究	
8	蒸汽和氧气在塑料膜中的渗透性和扩散性	
9	吸附化合物对多层结构黏附的影响	20 世纪 80 年代
10	标签易读性调查研究	
11	机械热加工对 PET 扩散和吸附的影响研究	
12	EVA 密封剂共聚物的参数研究	
13	包装对食品保质期的影响研究	
14	抗生素对包装食品保质期的影响研究	
15	微波包装食品挥发物迁移研究	
16	瞬态振动对瓦楞纸箱抗压强度的影响	
17	氧气吸收剂对产品稳定性的影响	
18	荧光灯对食品质量的影响	
1	可重复使用集装箱的经济性和性能研究	
2	标签易读性测试方法开发和测试	
3	货车、铁路、空运和船舶运输环境的测试	20 世纪 90 年代
4	冲击、振动和压缩对包装和产品的影响	
5	基于环境问题的包装评估	
6	医疗器械的密封完整性包装评估	

续表

序号	项目名称	项目年代
7	包装设计的软件开发	
8	非处方药品瓶装和泡罩包装的成本关系分析	
9	基于溶解方法的药品包装保质期预测	
10	塑料回收数据库的建立	
11	聚烯烃/天然纤维复合材料性能	
12	基于水力旋流器模式的塑料回收分离	
13	塑化磺化以改善薄膜阻隔性能	
14	包装及含水量对药物溶解度的影响	
15	紫外线照射对 PP 织物包装的影响	
16	再生塑料污染物迁移的功能障碍研究	
17	气相防锈(VCI)包装在腐蚀抑制中的有效性	
18	超市购买评估及对包装废弃物的影响	
19	水分敏感产品的保质期模拟和渗透性数据库的建立	20 世纪 90 年代
20	天然香料化合物改性气氛包装对预切苹果的保鲜研究	
21	固定氧生物传感器的开发研制	
22	黏土-聚合物纳米复合材料、小麦蛋白质膜和乳清乳胶可食用膜的性质研究	
23	金属茂膜的阻隔特性研究	
24	高压加工食品的包装材料研制	
25	保质期的有限元建模评估	
26	紫外线吸收剂的稳定性和有效性	
27	微波加热对 PP 结晶和力学性能的影响	
28	芳香化合物和塑料之间的分配系数研究	
29	包装挥发物的迁移对牛奶味道的影响	
30	微波加热对培根中 N-硝基形成的影响	
1	射频识别技术	
2	标签设计的易读性测试及决策应用	
3	警视标签设计及其对消费者注意能力的影响	
4	空投危险品和药品包装的检测方法研究	
5	可生物降解塑料的挤出技术	2000～2009 年
6	使用 1-甲基环丙烯(1-MCP)处理延长包装产品保质期	
7	食品包装聚乳酸(PLA)材料的表征研究	
8	面筋蛋白薄膜的开发与表征	
9	气相色谱-质谱联用仪(GC-MS)和电子鼻分析包装中的异味研究	
10	包装食品中病原菌的电子鼻检测	

表 2-2　MSU 教师编写的书籍一览表

主编	书籍名称	出版社	备注
Ruben J. Hernandez	《塑料包装:性能,加工,应用和法规》	Hanser Gardener	
Susan E. M. Selke	《生物降解和包装:Susan E. M. Selke 的文献综述》	Pira	
Susan E. M. Selke	《包装和环境:替代、趋势和解决方案》	Lancaster:Technomic	
Robert D. LaMoreaux	《条形码和其他自动识别系统》	Pira International	
Hugh Lockhart	《药品和保健产品包装》	Blackie Academic&Professional	
Susan E. M. Selke	《塑料包装技术》	Hanser/Gardner	
Diana Twede	《物流系统的分销包装》	Pira	
Diana Twede	《包装材料》(第二版)	Pira	
Ruben J. Hernandez	《塑料包装:传质作用研究》	Pira International	
James Goff	《振动与缓冲:包装动力学中的实验室测试》	Pira	
Richard K. Brandenburg	《包装动力学基础》	MTS Systems Corporation	
Donald L. Abbott	《包装概论》	Kendall Hunt Pub Co	

第三节　包装学科研究进展

　　经济全球化以及市场经济的发展,使得现代包装业迅速崛起。对于包装学科的研究、包装技术的发展以及人才的培养达到了前所未有的高度。目前包装专业的人才还远远不能适应当今社会经济发展的需要,包装行业仍然缺乏高水平、高素质的硕士和博士研究生,归根结底与包装学科的建设密不可分。我国改革开放初期,由于经济快速发展的需要,1984 年教育部将包装工程列入本科专业目录,自此以后包装教育和包装科研事业得到了迅速的发展,在此基础上也培养了一批包装专业人才。江南大学、天津科技大学、浙江大学、湖南工业大学、西安理工大学等多所高校自主设置了包装专业,培养了一批包装专业的硕士和博士研究生,但都是采用"挂靠"的方式,依托其他学科的名义授予硕士学位和博士学位。在这种情况下,使得那些有能力培养高层次包装人才的高校反而只能培养少量的研究生,导致包装领域的人才处于长期匮乏和供不应求的状态,也使得我国包装行业长期落后的局面无法得到根本改变。正是由于目前的"学科目录"中包装学科的缺失,也对当下博士与博士后的培养造成影响。包装学科具有综合性和交叉性特征,并且包装学科成为一门独立学科的条件已有论证。本节将从包装学科的界定、包装学科基础、包装

学科课程体系、包装学科内涵以及包装学科的人才培养这五个方面来对包装学科的发展进行阐述。

一、对包装学科界定的认识

20 世纪 30 年代现代包装问世，经过了 80 多年的发展，已经形成了基本完备的学科体系。目前国内外对于包装学科自身特性的研究成果相对较少，致使包装学科没有形成公认的学科界定。王志伟认为包装学科主要是在时间和空间的背景之下，以产品包装及其转移过程为研究对象，同时集成了科学、工程、法律、环境、经贸、管理、社会、心理、文化和艺术等多种学科领域的相关知识，所以包装学科也是一门融汇多个学科的综合学科和交叉学科。根据《现代交叉科学》所述，综合学科要有以下基本特征：综合性、系统性、开放性、测度性以及国际性，这些特征都可以在包装学科上得到验证。目前，学术界对包装学科的学科界定主要是分为以下几种说法。

宋宝丰、王怀奥等认为包装学科知识结构与知识体系基本符合交叉学科性质。现代包装学科主要由三部分组成：包装自然科学、包装社会科学和包装工程技术科学，其中包装自然科学和包装社会科学同属于基础科学范畴，而包装工程技术科学则属于应用科学范畴。

向红、刘玉生认为包装件不仅具有技术上的复杂性，并且由于在储存、运输以及销售中具有社会性特点，使包装学的研究不能只有工程性特征，还应该具有广泛的社会性特征，包装学科最大的特点是综合性。所以，一种观点认为包装学的两大支柱学科分别为包装工程学和包装社会学。

国际性包装学术刊物《包装技术和科学》曾刊载日本包装学院"建立包装科学的建议"，提出了包装科学学科体系的方案，将包装科学分为包装社会学、包装材料学和包装应用技术三个方面。

所以，国内外尚未对包装学科形成统一的学科界定，对包装学科的界定也是众说纷纭，总的来说，大家一致认为包装学科并不是一个单纯的工学学科，而是一个综合性的学科，融合多个学科于一体的交叉性学科。

二、对包装学科基础的认识

包装学科研究的问题较为广泛，一方面主要研究产品的包装工艺，包装物的运输、储存以及销售过程，此外，包装物的回收、处理以及再利用和废弃也是包装学科研究的内容；另一方面，还要考虑与包装相关的经济、管理、环境、法律法规、文化习俗以及其他的社会问题。包装学科存在的主要目的就是保护产品、方便运输、促进销售、提高产品附加值、节约资源和保护环境，最终实现人-包装-产品-环境四者之间的友好性。包装学科的综合性集成了科学、工程、艺术、环境、经贸、管理、法律、心理、社会和文化等众多学科领域的相关知识，所以包装学科是一门融汇多个学科的综合性和交叉性学科。其学科基础如下。

（1）自然科学类　数学、物理学、化学及分支，如工程数学、弹性力学、工程力学、塑性力学、控制工程学、结构力学、振动学、电子学、高分子物理学、无机化学、有机化学、生物化学、高分子化学、物理化学等。

（2）技术科学类　计算机科学、环境保护学、金属工艺学、物流学、玻璃工艺学、塑料工艺学、陶瓷工艺学、制版与印刷工艺学、造纸工艺学、材料科学等。

（3）社会科学类　政治经济学、统计学、运筹学、国家标准与法规等。

（4）人文科学类　文学、心理学、地理学、哲学、伦理学、历史学、民俗学和科学发展史等。

（5）艺术学　美学、艺术造型、工业造型、商标学、广告学、色彩学、摄影艺术、雕塑、绘画等。

由于包装学科的交叉性和综合性特征显著，所以包装学的学科基础涉及各个领域，其涵盖面广，涉及自然科学和社会科学等领域，而国内包装学科教育主要体现为包装工程类专业的教育，从包装学科的交叉性和综合性特征可以看出，仅仅对包装专业学生采取传统的工程类教育方式是不够的，应该与时俱进，让人才的培养紧跟包装学科发展的步伐。

三、对包装学科课程体系的认识

从包装学科的课程体系来看，国内对于包装学科的课程体系主要体现为包装工程专业的课程体系。国内外包装工程专业的学科体系呈现出百花齐放、各具所长的现象。包装学科的学科课程体系建设要从突出学科特色、体现学科交叉、提高综合素质和注重能力培养四个方面进行。包装学科的课程体系建设主要以具有代表性特色的大学为例，如美国的密歇根州立大学、罗切斯特理工大学，泰国农业大学，韩国延世大学，国内的江南大学以及湖南工业大学。

（1）密歇根州立大学（MSU）　MSU 包装学院的学生必须完成 120 学分才能获得毕业的资格。其课程主要由通用基础课程、包装核心课程、商务课程以及选修课程这四大部分组成。通用基础课程主要学习人文和社会学知识，包括数理化等基础课程，所完成的学分约占总学分的 1/2。包装核心课程需完成的学分为 28 分，需要修读包装原理、玻璃及金属包装、计算机决策系统等 8 门主要课程。除此之外，学生还要修满 14 个学分左右的商务课程。选修课程主要是由基础课程、包装

课程以及商务课程组成，每个学生至少需要保证修满10门包装专业课程。

（2）罗切斯特理工大学　罗切斯特理工大学主要将包装学科分为包装技术方向、包装印刷方向、包装管理方向，包装专业学生要完成115个学分。其课程主要是由人文社科类课程、专业必修课、专业选修课、分方向专业选修课四部分组成。人文社科类课程主要包括人文科学、组织行为和科学思维基础等。专业必修课主要包括一些包装专业必修的专业核心课程，如包装概论、包装材料以及柔性包装容器等，还有一些与包装社会学相关的课程（如经济学概论等），也是属于必修课程的行列。专业选修课主要包括包装过程控制、包装经济学、包装管理等有关的专业课程。

通过美国高校包装学科教育的课程体系安排的特点，我们可以看出：

① 明确的定位　美国高校对包装学科和包装专业学生的培养有着十分准确的定位。他们将包装学科定位为工程学科，主要是以自然科学和数学为基础，但是同时又有着很强的商学和社会学成分，这就是他们对于包装学科的定位。从这个定位出发，设计了一套"厚基础，宽口径"的课程体系，这样使包装专业的学生，比商学专业的学生掌握了更多的工程知识，同时又比工程专业的学生掌握了更多的商学知识，所以培养出来的学生成为既有工程专业知识，又有商学知识的"通才"。

② 重视人文社科类的教学　美国高校高度重视对包装专业学生的人文科学教育。罗切斯特理工大学包装类专业的三大方向都应修满54学分的人文社科类的课程，密歇根州立大学的通用基础课程中也要求学生掌握一些人文和社会学知识。

③ 重视经济管理类课程　美国的包装类高校对数理化等基础课程安排的学时不多，而对于经济管理、市场营销等方面却是占有较大的比重。密歇根州立大学专门开设14个学分的商务类课程，罗切斯特理工大学的三个包装研究方向都开设了销售原理、金融结算等必修课程以及包装经济学和包装管理等选修课程。

（3）泰国农业大学　泰国农业大学包装专业的学生需要完成135个学分和300小时的实训课才能毕业。其课程主要由通识课程、基础课程、包装专业课程以及自选课程组成。通识课程需要完成32学分，主要学习人文、语言、体育、通用数学以及社会科学等课程。基础课程需要完成48学分，学习的课程以化学和生物学课程为主，包括化学基础、生物化学、物理化学、统计学以及机械制图等课程。包装专业课程主要包括40学分的必修课程和9学分的选修课程，选修课程则是基于学生自己的研究方向而展开的，学校开设了20多门选修课程，涉及面广，学生可以根据个人兴趣爱好选择专业方向。在实训安排上，实训内容主要是安排学生去企业实习或者参与国际交流项目，结束后提交实训报告即可，但是实训内容也较少考虑到包装的社会属性，没有涉及对包装经济、企业管理方面的学习。

（4）韩国延世大学 延世大学的包装专业隶属于物理学院应用科学部，目前已经形成了一套完整的包装本硕博教育体系。延世大学包装专业的研究方向主要分为包装工程方向和消费者包装方向。包装工程方向，一方面研究的是将材料与物料的结合，从而形成一个完整的包装件；另一方面则主要是研究商品的物流与储运包装。消费者包装方向则主要是侧重于包装设计方向，即主要根据消费者行为使设计出来的包装产品有利于产品的销售，这在一定程度上具有商学和营销学的成分。延世大学的包装专业在一定程度上秉承了密歇根州立大学包装专业的教育特点。

（5）江南大学 江南大学是中国最早开设包装类专业的高校之一，具有一套较为完整的学士、硕士、博士的教育体系。包装专业的研究方向主要有：运输包装的理论与设计、包装机械与包装工艺、产品设计与包装设计、新型包装材料、食品与药品包装、包装的环境评价以及包装高层次人才培养和科技人员继续教育。包装专业的课程体系主要由通识教育课程、学科平台课程、专业核心课程、专业选修课程和集中性实践环节这五个部分组成。通识教育课程主要包括中国特色社会主义理论体系、思想道德修养、军事理论等。学科平台课程主要是通用数学、物理、化学、材料力学、理论力学、机械工程控制基础等方面的学习。专业核心课程是对包装工艺学、包装印刷、包装材料学等方面的学习。专业选修课程主要修读一些与包装有关的选修课程，如包装机械设计、产品运输包装设计与评价，同时也涉及了一部分对包装经济、包装管理与标准法规的学习。

（6）湖南工业大学 包装工程专业作为湖南工业大学最具特色专业之一，发展的历史可追溯到学校建校之初，伴随着学校的发展而发展。其包装专业的课程体系与江南大学类似，主要由公共基础课程、工程类基础课程和包装专业课程这三大部分组成。目前，包装工程的核心课程有：包装材料学、包装工艺学、运输包装设计、包装机械、包装测试技术、包装系统设计等。包装工程专业主要从事包装的结构设计、包装件的工艺设计、视觉传达设计、包装件质量检测、经营管理以及包装系统的科学研究。其包装专业的核心课程也很少涉及商务知识的学习。

通过对泰国、韩国以及中国高校包装学科课程体系的比较，可以看出，亚洲国家包装学科教育还存在以下不足。

① 定位不明确 对包装学科的定位不够明确，仅仅将包装专业定位为工程学科，忽视了包装学科的社会属性，在课程体系的设置上仅仅突出它的工程学科属

性，忽视了对与包装社会学有关的课程的学习，以至于培养的包装专业的学生仅仅是工科特色突出，而没有培养工科、文科全面发展的通才。

② 重基础课程，轻经济与管理课程　美国高校的包装专业对高数、物理、化学等基础课程的安排不多，而国内则较为重视高数、物理、化学等自然学科的教育。其所学内容大多以现实工作中的实际需要为导向，忽视了对包装社会学的教育，并且对于经济、企业管理以及市场营销方面，国内的包装专业所安排的课程都不多，学时较少，远不能适应当下包装教育的需要。

③ 包装高等教育体系不完整　自 20 世纪 50 年代开始，美国陆续有 20 多所高校培养包装专业的研究生，20 世纪 90 年代开始培养包装专业博士。对比我国包装专业研究生的高等教育，由于缺乏规范的学科体系，使得包装学科的研究生学位只能挂靠在其他学科之下，这也使得我国的包装教育落后于欧美发达国家。

四、对包装学科内涵的认识

包装学科主要通过运用科学理论和技术方法来研究人类社会所需要的包装产品，例如各种包装材料、包装容器以及包装器械与装备等，完成一系列的包装产品的研究、设计、制造、检验、评价验收等环节的生产过程。在这个过程中，一方面要达到最基本的保护产品、方便运输、促进销售、节约资源、保护环境等功能，另一方面还要实现用最少的成本和资源消耗以及先进的制造工艺及加工方法，提供符合社会及人们需求的各类包装件的目标。

包装学科是一门具有高度综合性和交叉性的技术学科，一方面现代包装学科整合了其他学科的研究成果，形成了具有包装特色的学科理论，如生命周期评价理论、产品脆值、破损边界理论等代表性学科成果，主要研究产品的包装材料、包装的技术工艺、包装设备及其过程以及包装产品运输销售、包装废弃物与环境等其他与包装有关的科学技术问题；另一方面由于包装材料与包装工艺不断进步以及信息技术的快速发展，进一步扩展了包装学科的研究对象和内容，促进了包装工业的迅猛发展，同时也促进了包装学科自身的进步与发展，这些都拓展了现代包装的学科内涵。

五、对包装学科人才培养模式的认识

美国是世界上最先开始包装高等教育的国家，美国的包装教育具有悠久的历史，拥有世界上最完备的包装学科教育体系，在美国包装办学水平居于前列的高校有密歇根州立大学、罗切斯特理工大学、罗杰斯大学等。

美国包装学科的硕士、博士的教育要求如下：包装学科硕士主要培养的是为企

业解决实际问题的"专门人才",能够在企业中各种包装材料的应用和研发方面独当一面。包装学科硕士分为论文型和非论文型这两种,论文型研究生需要完成毕业论文,而非论文型研究生则必须完成毕业设计才能毕业,学习期限至少为 2 年。包装学科博士主要培养包装专业所需要的高级人才,同时注重实操经验,需要在各种包装领域具有丰富的实际经验和独特见解,必须完成必修的课程学分和博士毕业论文方可毕业,学习期限至少为 3 年。

德国大学的包装工程专业主要以包装工艺技术为主线,包装技术与包装设备以及包装经济管理是德国大学包装教育的两大主要特色。基于这两个特色,各个高校又有自己所侧重的研究方向,如食品包装、包装设计与印刷以及物流与储运技术等。德国高校普遍意识到实践教学与企业实习的重要性,规定学生大学期间需进行两次企业实习,产学研结合十分紧密,毕业设计的主题都与所选择的科研机构和包装企业的实际课题有关,而非纯理论的设计,都具有一定的针对性。

日本以前并没有开设专门的全日制包装类专业,他们采取非专业的培养方式,对其他没有接受过正规包装教育的专业人员进行培训的方法,培训完毕、考核合格后授予包装士职称,所以日本的大学一直都没有设置与包装相关的专业。随着近年来包装产业的发展,不少的日本学者提出意见,认为这种非专业的培养方式不利于日本包装产业的发展。现在日本的很多大学都根据自身特色自主设置了与包装相关的专业,日本的包装科研主要侧重于包装工业技术的应用。

总体来看,各个国家的包装专业教育模式都颇为灵活,不同国家也根据自身的需要来设置课程重点和研究方向。但是对于包装学科体系和学科内涵的认识大体趋于一致。与此同时,中国在包装学科人才的培养上也采取了相应措施。为了贯彻走中国特色新型工业化道路、建设创新型国家和人力资源强国等战略部署,国家提出了"卓越工程师教育培养计划"(简称"卓越计划")。天津科技大学的包装工程专业也入选"卓越计划",并根据自身实际情况制定了培养方案。同时,已有部分学校针对包装工程专业的发展制定了"3+1"校企联合培养模式。"3+1"模式是针对卓越计划培养试点专业所普遍采用的模式,"3"指在校学习时间累计不超过 3 年,"1"指在企业学习时间累计不少于 1 年。在"3+1"模式下,包装工程专业的教育从传统的四年学校教育压缩到三年,在校期间的课内教育时间减少,学生的自主学习时间缩短,这就需要学校对包装专业的课程体系进行整合和梳理。同时,学生有至少不低于一年的时间在企业进行综合实践,这就需要重点培养包装专业学生的实践创新能力,所以学校需要在课程体系上合理增加实践教学的环节,以创新能力为培养主线,着重培养学生的动手能力和创新精神,这些都对包装工程专业的人

才培养提出了新的挑战。此外，国内学者在包装学科人才的培养模式的研究上取得了一定的进展。

北京印刷学院许文才在对国外包装高等教育课程体系特点进行了阐释的同时，指出了我国目前包装高等教育在人才培养方面主要存在的问题，认为我国目前的包装教育一方面课程体系设置不合理，片面重视基础课程的教育，而忽略了对经济、管理类课程的学习，另一方面也有重理论教学而忽视实践教学的倾向，针对这些问题对包装类专业的教学改革提出了相应的建议。郑州大学吕新广等指出了我国目前包装专业研究生教育的现状，指出了我国目前包装专业的学科结构存在很大问题，并且目前采取挂靠的方式，使包装专业只能在其他学科之下授予学位，严重影响包装专业研究生培养的量和质。这说明我国目前包装教育人才培养方式所存在的问题以及加强包装专业的研究生教育的紧迫性和必要性。

除此之外，也有大量的学者对于包装专业学生的人才培养标准和人才培养模式进行了研究。天津科技大学孙诚认为，现代包装人才应该是具有开阔的视野及敏捷的思维、富有创新能力的，同时还应该具有注重实践、以人为本、保护环境的意识。在此基础上还介绍了培养现代包装人才的培养计划和课程体系、教学内容和手段的改革实践，并卓有成效。在人才培养的措施方面，江南大学王军、卢立新等和东北林业大学李春伟也对包装工程创新型和应用型人才的培养提出了相应的建议，并基本达成一致。他们都认为要想培养一批高素质的包装专业的毕业生，首先应该明确其培养目标和学科内涵，及时调整培养方案和课程体系，在此基础上才能优化培养体系，培养出合格乃至优秀的包装人才。这些都对包装工程专业应用型和创新型人才的培养提供了一定的参考价值。另外，重庆工商大学杨祖彬等提出以深化"产教融合"为途径，主要从"院企合作、双向互动"人才培养平台的建立、构建专业课程体系、优化专业教学内容、改革教学方法和手段等方面，研究和实践了包装工程的工程化人才培养问题。

总的来看，以上国内的学者在对于促进包装学科的发展方面均提出了自己独特的见解，并且已有部分学者意识到目前包装学科挂靠在其他学科目录上的不足之处以及加强包装学科建设的重要性。包装业是当代世界的新兴产业，也是我国目前的支柱型产业之一，目前我国仍然缺乏高水平、高质量的包装人才，只有依靠人才才能解决包装领域内出现的一系列深层次的问题。所以，开展包装专业的研究生教育，就要对包装科技知识进行包容和创新，这就给包装学科建设注入了全新的活力。

总而言之，我国的包装产业要想赶超国际先进水平，还有很长一段路要走，包装产业要想长足发展，必须依靠人才，而人才的培养与包装学科的建设密不可分。但是目前包装学科尚未形成一个独立的学科，只能挂靠在其他学科之下，这使得包装学科的发展具有被动性，也使得包装专业人才的培养处于一定的困境。目前"学科目录"中包装学科的缺失，使得目前的硕士、博士以及博士后的培养都受到一定的影响，这种高层次人才培养体系不健全的现象必须尽快改变。1998 年以来，包装教育界的人士一直在呼吁，必须使包装学科在"学科目录"中占有一席之地，但至今为止尚未实现。所以，我们还需坚持不懈，继续加大申报力度，尽早实现包装学科在"学科目录"中的应有地位。

第三章　包装学科的自然科学与工程技术科学基础

　　包装学科以商品生产和流通过程中的包装制品及包装制品与产品形成的整个系统为研究对象，研究它们的功能组合、形成及在物流过程中实现的规律，是一门既涉及自然科学，又涉及人文社会科学的综合性交叉学科。

　　包装的功能可分为自然功能和社会功能。包装自然功能是指包装能有效保护产品、给生产流通和消费提供多种方便、带来经济效益的那些性能特征，其设计与成形过程需要利用数学、物理、化学、力学、生态学、微生物学等自然科学理论和方法作为指导，研究包装自然功能实现的规律和设计理论构成了包装防护学的主要内容。包装社会功能是指包装能满足人们的心理需要、美化生活环境、促进商品销售、方便消费者使用、带来社会效益的那些性能特征。其设计和形成受文化、艺术、心理学、经济学、法律学、历史学等社会科学理论和方法的指导。研究包装社会功能实现的规律和设计理论构成包装设计艺术学的主要内容。包装防护学和包装艺术学二者有机结合，共同构成包装设计理论的基础，是整个包装学科的灵魂，也是包装学科区别于其他学科的主要特征。此外，包装学科还需要系统科学、材料科学、控制科学、机械学、信息技术等学科知识的支撑，利用这些基础知识指导并解决包装工业生产过程中产品包装的设计、制造、运输、回收与再利用等环节中的系列问题。包装学科的特殊性，在于多门学科及技术方法的融合和渗透。包装学科具有很强的自然科学属性；包装学科作为应用型的学科，也具有鲜明的工程技术科学特征。

第一节　包装学科的数学基础

工科专业学生在学习和实际工作中，如工程结构或系统的设计，需要涉及大量的理论推导及计算，要用到很多相关的数学知识。没有数学的基础，就没办法实现可靠性设计、减量化设计、安全性设计、疲劳设计等目标。工科专业只用数据说话，缺乏数学的帮助会使得工科专业学生的研究缺乏思路和工具，缺乏捕捉问题的敏感性，缺乏抽取问题本质的能力，缺乏处理问题的技巧和方法。

一、包装材料性能需要以数学的形式进行表征

包装材料的性能需要使用数学形式表征。如包装使用的缓冲材料有线性材料和非线性材料，这些不同的材料其力学模型就需要用不同的函数表达。如图 3-1 所示的 6 种类型的材料缓冲性能曲线，目前在主流的 CAE 软件中，均有与这些曲线对应的材料模型或模型输入方法。通过材料的力-变形函数或曲线，可以得到各种典型缓冲材料模型的应力-应变关系。图 3-1 展示了几种典型缓冲材料的应力-应变曲线，式(3-1)～式(3-4) 是前四种典型缓冲材料模型的应力-应变函数，式中，E_0 为

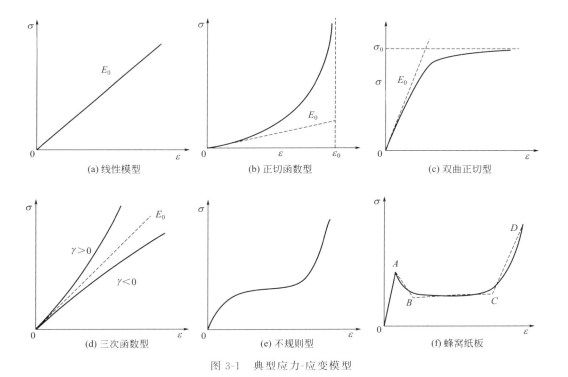

图 3-1　典型应力-应变模型

材料初始弹性模量；σ_0 为材料极限应力；ξ 为弹性模量增加率。

前 5 类缓冲材料模型的共同点是应力-应变关系为单调递增的关系。蜂窝纸板的应力-应变关系比较复杂，呈现先增、后减、再缓慢增加、最后迅速增加的关系。一些学者将蜂窝纸板的应力-应变特征总结为线弹性阶段、屈曲阶段、密实化阶段。蜂窝纸板特殊的应力-应变特征，对直接利用经典的缓冲设计方法设计缓冲衬垫造成了不便。

1. 线弹性材料

线弹性材料是一种理想的材料，力-变形曲线呈直线。现实中并不存在完全的线弹性材料，许多材料承载的初始阶段可以近似为线性材料。线性材料模型是研究其他材料模型的基础，一般是作为材料力学、动力学等的基础材料力学模型。式（3-1）为线弹性材料模型的函数表达式。

$$\sigma = E_0 \varepsilon \tag{3-1}$$

2. 正切函数型缓冲材料

正切函数型缓冲材料的函数表达式为式（3-2），具有正切函数型的缓冲材料有泡沫橡胶、棉花、乳胶海绵、碎纸、涂胶纤维及预压后的聚苯乙烯泡沫塑料等。

$$\sigma = \frac{2}{\pi} E_0 \tan\left(\frac{\pi}{2}\varepsilon\right) \tag{3-2}$$

3. 双曲正切型缓冲材料

双曲正切型缓冲材料的函数表达式为式（3-3）。对于双曲正切型缓冲材料，在应变 ε 允许的范围内，不论 ε 怎么增大，σ 始终被限制在规定范围内。因此这种缓冲材料能够将传递到产品上的冲击力控制在一定的范围内，起到保护产品的目的。

$$\sigma = \sigma_0 \tan\left(\frac{E_0 \varepsilon}{\sigma_0}\right) \tag{3-3}$$

4. 三次函数型缓冲材料

三次函数型缓冲材料的函数表达式为式（3-4），式中，E_0 为初始弹性模量；ξ 为弹性模量增加率。一般认为吊装弹簧的力变形特性近似为三次函数型。

$$\sigma = E_0 \varepsilon + \xi \varepsilon^3 \tag{3-4}$$

5. 不规则型缓冲材料

以上四种模型只是对一些比较典型的缓冲材料特性的近似，大部分缓冲材料的力-变形曲线很难用一个函数进行表达，把这类材料称为不规则型缓冲材料，大部分高分子发泡材料属于这类缓冲材料。图 3-1（e）为不规则型缓冲材料的应力-应变关系。典型蜂窝纸板的应力-应变曲线如图 3-1（f）所示，由图可知，从曲线形状上，蜂窝纸板的应力-应变曲线可以归属为不规则型材料类型。蜂窝纸板的应力-应变曲线与上述几种材料的应力-应变曲线又有所不同，图 3-1（a）～图 3-1（e）所示的 5 种应力-应变曲线为单调递增，而蜂窝纸板的应力-应变曲线表现较为复杂，曲线的整体形状为浴盆状。

二、包装结构的减量化设计需要使用的数学方法

基于缓冲系数的缓冲结构设计方法利用 $C\text{-}\sigma_{\mathrm{m}}$（缓冲系数-最大应力）表征材料的缓冲性能，并以产品质量 W、冲击最大加速度 G 及跌落高度 H 为已知条件，进行缓冲垫面积和厚度的计算。缓冲垫面积及厚度的计算公式分别如式（3-5）、式（3-6）所示，某材料的 $C\text{-}\sigma_{\mathrm{m}}$ 曲线如图 3-2 所示。

$$A = \frac{GW}{\sigma_{\mathrm{m}}} \tag{3-5}$$

$$h = \frac{CH}{G} \tag{3-6}$$

式（3-5）、式（3-6）中，G 为产品冲击最大加速度，常用产品许用脆值〔G〕来代替（〔G〕为重力加速度倍数，是无量纲量）；W 为产品质量；H 为包装件在流通过程中的跌落高度；A 为缓冲垫面积；h 为缓冲垫厚度。以上两个方程式中，共有 7 个参数，没有办法直接确定缓冲垫面积 A 和缓冲垫厚度 h。即使跌落高度 H、产品质量 W、冲击最大加速度 G 提前确定，仍然有 4 个参数未确定。曲线的方程是几何曲线的一种代数表示，

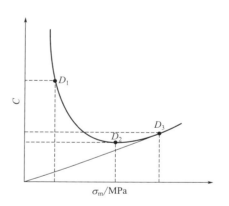

图 3-2 某材料的 $C\text{-}\sigma_{\mathrm{m}}$ 曲线

方程的曲线则是曲线的方程的一种几何表示。曲线和方程的这种相互表示，揭示了几何中的"形"与代数中的"数"的统一结合。一条曲线与一个方程具有互为表示的关系。材料的 $C\text{-}\sigma_{\mathrm{m}}$ 曲线往往呈现高度的非线性，用解析式不易精确表达，因此考虑对图 3-2 所示的缓冲系数-最大应力曲线用如公式（3-7）所示的通用函数方程形式表述。

$$C = f(\sigma_{\mathrm{m}}) \tag{3-7}$$

将图 3-2 所确定的 $C\text{-}\sigma_{\mathrm{m}}$ 关系用式（3-7）所示的通用函数方程代替，将式（3-7）与式（3-5）和式（3-6）联立组成方程组。该方程组中，参数 G、W、H 通常在缓冲设计前一般已经获得，因此方程组中有四个不确定的参数：h、A、C、σ_{m}，未知

参数的个数大于方程的个数。因此，利用上述方程组计算缓冲垫厚度和面积在数学上属于求解不定式方程组（又称欠定方程组）的问题。不定式方程组往往有无穷解，使上述三式成立的 h、A、C、σ_m 往往不是唯一的。如果要使上述不定式方程组具有唯一解，必须再加入一个限制条件，从数学的角度对缓冲设计进行梳理，更容易理解各种设计方法的本质。

三、流通环境强度需要用数学的方法进行表征

流通环境是指对商品流通产生影响的外在制约因素，流通环境对流通活动有着巨大的制约和影响作用，会给商品的安全带来风险。了解和掌握影响产品安全流通的环境因素及其强度，是进行恰当包装设计的必要条件。流通环境及强度的表征往往要使用数学的形式，如装卸时的跌落高度参数，虽然在进行缓冲包装设计时使用的是一个确定性的量化参数，实际上该参数是利用统计学的方法进行处理获得的。包装件运输过程中的振动往往是随机振动，要利用概率和统计的方法进行表征。包装件在仓储过程中往往要进行堆码，因此要设计包装容器的堆码强度，堆码强度的计算涉及多种参数，因此堆码强度的计算也要采取数学的方式进行表征。

$$P_c \geqslant P = Km\frac{H-h}{h} \times 9.81 \tag{3-8}$$

式中　　P——瓦楞纸箱所需的抗压力，N；

$\quad\quad K$——安全系数，无量纲参数，$K = \dfrac{1}{\varPi a_i}$；

$\quad\quad a_i$——安全因子；

$\quad\quad m$——一个瓦楞纸箱连同所装货物的总质量，kg；

$\quad\quad H$——堆码高度，m；

$\quad\quad h$——一个瓦楞纸箱的箱高，m。

四、包装结构的几何表达需要用数学的方式

包装结构常常用几何模型的形式表达，这些几何模型的形状、尺寸等本质上是用数学的方式表达的。

包装是艺术与技术的结合，每一时代的主流艺术背后都隐藏着一种深层数学结构学——几何学，达芬奇的绘画体现了透视关系的射影几何学；毕加索追求非欧几何学；后现代主义、纯粹主义讲究分形几何学。对于数学关系在艺术品中的重要性，向来就被一些美学家和艺术家所肯定。古希腊著名美学家，同时也是数学家的毕达哥拉斯就提出"美在和谐"的观点，这其中"和谐"里很重要的一种数学关系，被毕达哥拉斯学派称为"最美妙的东西"，从而他们认为只要恰到好处地调

整好数量比例关系，建筑、雕塑、书法，甚至音乐、舞蹈等就能产生最美最和谐的艺术效果，通过我们的视觉就能感受到一种完美。最让人感到美与和谐的比例就是黄金分割比——0.618。普通包装纸箱的长宽比、长高比按黄金分割比设计，不仅造型美观，同时纸板用量合理，承载能力优良，体现了技术与艺术的和谐。

第二节　包装学科的力学基础

现代包装需要满足和服务于各种产品的高效、安全、经济、绿色流通，对包装材料、包装制品的强度有比较高的要求。包装系统设计涉及的力学知识主要有塑性力学、振动力学、断裂力学、流体力学等。

一、弹塑性力学基础

柔性材料在包装领域大量使用，准确地把握柔性材料的力学特性，对于科学设计及合理利用柔性材料具有重要意义。可压缩泡沫由于吸能效率高、密度小、价格低廉，在缓冲包装中大量使用。以 EPS 泡沫为例，其应力-应变关系为：

$$\boldsymbol{\sigma} = \boldsymbol{D}(\boldsymbol{\varepsilon} - \boldsymbol{\varepsilon}^{p}) \tag{3-9}$$

式中，$\boldsymbol{\sigma}$ 为应力张量；$\boldsymbol{\varepsilon}$ 为应变张量；$\boldsymbol{\varepsilon}^{p}$ 为塑性应变张量；$\boldsymbol{D}$ 为正交各向异性弹性本构张量，其逆矩阵为：

$$\boldsymbol{D}^{-1} = \begin{bmatrix} 1/E & -\nu E & -\nu E & 0 & 0 & 0 \\ -\nu E & 1/E & -\nu E & 0 & 0 & 0 \\ 0 & 0 & 1/E & 0 & 0 & 0 \\ 0 & 0 & 0 & 1/G & 0 & 0 \\ 0 & 0 & 0 & 0 & 1/G & 0 \\ 0 & 0 & 0 & 0 & 0 & 1/G \end{bmatrix} \tag{3-10}$$

式中，E 为弹性模量；G 为剪切模量；ν 为泊松比。

泡沫可压缩本构模型，已被植入 ABAQUS、ANSYS 等有限元软件，屈服函数为：

$$\phi \equiv \frac{1}{\left[1 + \left(\dfrac{\alpha}{3}\right)^{2}\right]} \left[\sigma_{e}^{2} + \alpha^{2}\sigma_{m}^{2}\right] - \sigma_{y}^{2} \leqslant 0 \tag{3-11}$$

式中，σ_{m} 为平均应力；σ_{e} 为 Von Mises 应力；σ_{y} 为单轴屈服强度。

α 为：

$$\alpha = \frac{3k}{\sqrt{(3k_{t} + k)(3 - k)}} \tag{3-12}$$

$$k = \frac{\sigma_c^0}{p_c^0}, \quad k_t = \frac{p_t}{p_c^0} \tag{3-13}$$

式中，p_t 为静水拉应力；p_c^0 为初始静水压应力。静水压应力 p_c 决定屈服面的演化大小，如下式：

$$p_c(\varepsilon_{pl}^{vol}) = \frac{\sigma_c^{vol}(\varepsilon_{pl}^{vol}) \left[\sigma_c^{vol}(\varepsilon_{pl}^{vol}) \left(\frac{1}{\alpha^2} + \frac{1}{9} \right) + \frac{p_t}{3} \right]}{p_t + \frac{\sigma_c^{vol}(\varepsilon_{pl}^{vol})}{3}} \tag{3-14}$$

式中，ε_{pl}^{vol} 为体积塑性应变。

图 3-3 所示为泡沫材料的椭圆屈服面，椭圆屈服面函数已应用到 ABAQUS 软件中，材料模型为 Crushable foam 模型。

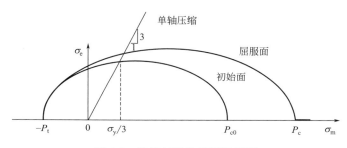

图 3-3 泡沫材料的椭圆屈服面

二、振动力学基础

包装件在运输过程中，会受到振动载荷的持续激励，在振动载荷作用下，物品发生破坏，可以简化为单自由度系统受迫振动问题。如图 3-4 所示，将产品简化为质量块 m，将衬垫简化为弹簧 k 和阻尼 c。衬垫的刚度 k 及阻尼系数 c 改变了外部激励对质量块 m 的作用强度。

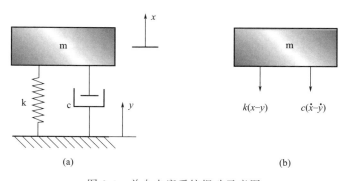

(a)   (b)

图 3-4 单自由度系统振动示意图

单自由度振动系统受迫振动的运动方程如式(3-15)所示：

$$m\ddot{x} + c\dot{x} + kx = c\dot{y} + ky \tag{3-15}$$

设 $x(t) = \overline{B}\mathrm{e}^{j\omega t}$，得到：

$$\overline{B} = \frac{k + j\omega c}{k - \omega^2 m + j\omega c}A = B\mathrm{e}^{-j\phi} \tag{3-16}$$

$$B = b\sqrt{\frac{1 + (2\zeta\lambda)^2}{(1-\lambda^2)^2 + (2\zeta\lambda)^2}}, \quad \tan\varphi = \frac{2\zeta\lambda^3}{1-\lambda^2 + 4\zeta^2\lambda^2} \tag{3-17}$$

$$\beta = \frac{B}{b} = \sqrt{\frac{1 + (2\zeta\lambda)^2}{(1-\lambda^2)^2 + (2\zeta\lambda)^2}}, \quad \varphi = \arctan\frac{2\zeta\lambda^3}{1-\lambda^2 + 4\zeta^2\lambda^2} \tag{3-18}$$

式中，β 为振动放大因子，反映的是单自由度的弹簧质量系统对外部激励的放大倍数与激励频率的关系；φ 为相位，反映的是外部激励与响应的相位关系。β 及频率比 λ 的关系如图 3-5 所示。

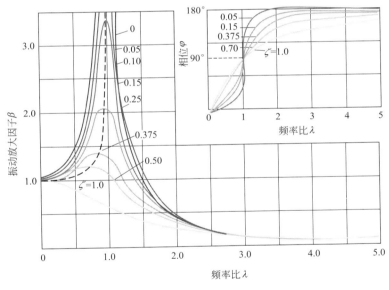

图 3-5　振动放大因子与频率比之间的关系

三、断裂力学基础

断裂力学是固体力学的一个新分支，是研究材料和工程结构中裂纹扩展规律的一门学科。断裂力学所说的裂纹是指宏观的、肉眼可见的裂纹。断裂失效是许多材料存在的失效行为，在包装材料和包装容器的破损中广泛存在，如纸板折叠成型纸

盒或纸箱过程中，会沿着折痕线的区域发生分层破坏现象。该现象属于断裂力学的范畴，如图 3-6 所示为纸板折叠过程产生的裂纹。

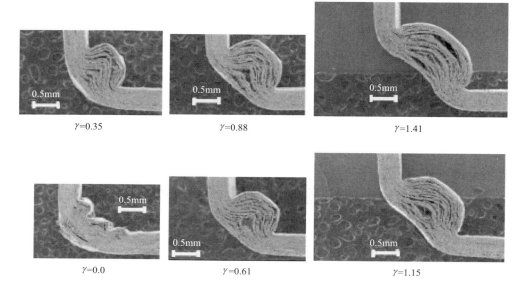

图 3-6 纸板折痕线部位的 Ⅱ 型裂纹

材料的断裂强度可以用断裂强度因子表达。断裂强度因子是表征外力作用下弹性物体裂纹尖端附近应力场强度的一个参量，它和裂纹尺寸、构件几何特征以及载荷有关。

第三节 包装学科的材料学基础

材料学是指研究材料组成、结构、工艺、性质和使用性能相互关系的学科，为材料设计、制造、工艺优化和合理使用提供科学依据。包装材料是保护产品的具体承担者，是构成商品包装使用价值的最基本要素，是形成商品包装的物质基础。包装容器、包装表面图文信息的表达、运输包装等功能的实现，均离不开包装材料。包装材料包括金属、塑料、玻璃、陶瓷、纸、竹木、天然纤维、化学合成复合材料等主要包装材料，又包括涂料、油墨、黏合剂、捆扎带、装潢材料、印刷材料等辅助材料。材料学是包装学科的重要学科基础，包装材料的正确选择是包装是否成功的关键要素，也决定了包装操作的进程。新型材料的出现往往能够引起包装行业的革命性进步。

一、包装材料是包装功能实现的物质基础

产品对包装功能的要求不同，包装材料的特性也不同，包装材料与包装功能应该有一一对应的关系。每种包装材料都有一定的物理性能、力学性能、成型性能等，这些性能确保包装能够满足一定的功能，包装材料主要有以下几种。

（1）纸质包装材料 主要有蜂窝纸板、纸袋纸、干燥剂包装纸、牛皮纸工业纸板等。纸质包装材料取自天然纤维，可自然降解，可回收再利用，是目前使用最广泛的包装材料。图 3-7 为电子产品包装使用的纸浆模塑制品。

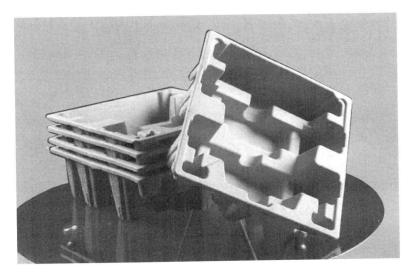

图 3-7 电子产品包装使用的纸浆模塑制品

（2）塑料包装材料 有 PP 打包带、PET 打包带、撕裂膜、缠绕膜、封箱胶带、热收缩膜、塑料膜、中空板等。塑料包装具有优良的阻隔性和力学性能，在物流包装行业发挥着重要作用。图 3-8 为快递包装中使用的气柱袋。

（3）金属包装材料 主要有马口铁、铝箔、桶箍、钢带、打包扣、泡罩铝、PTP 铝箔、铝板、钢扣等。金属包装材料的强度在所有包装材料中是最好的，常常用于重载或高阻隔要求的包装中。图 3-9 为金属桶包装形式。

（4）陶瓷包装材料 主要有陶瓷瓶、陶瓷缸、陶瓷坛、陶瓷壶等。陶瓷包装材料清洁、卫生、阻隔性能极佳，缺点是易碎，主要用于液体类产品包装。图 3-10 为老式酒坛。

（5）玻璃包装材料 主要有玻璃瓶、玻璃罐、玻璃盒等。玻璃包装材料与陶瓷

图 3-8　塑料包装举例

图 3-9　金属桶包装举例

包装材料性能近似，也主要用于液体类产品的包装。图 3-11 为罐头类食品的玻璃包装。

　　（6）木材包装材料　主要有木材制品和人造木材板材（如胶合板、纤维板）制成的包装，如木箱、木桶、木匣、木夹板、纤维板箱、胶合板箱以及木制托盘等。木质包装材料具有天然的纹理，具备较好的强度和弹性，目前主要用于重型（大型）机电产品的物流运输包装。图 3-12 为木制包装。

图 3-10　陶瓷包装举例（老式酒坛）

图 3-11　罐头类食品的玻璃包装举例

图 3-12　木制包装举例

（7）复合类软包装材料　充分利用不同类型包装材料的优点，将不同类型的包装材料进行复合，能够获得更优良的包装性能，如镀铝膜、铁芯线、铝箔复合膜、真空镀铝纸、复合膜、复合纸、BOPP 等。例如目前牛奶包装使用的利乐包，将纸质材料与塑料材料多层复合，综合利用了塑料材料的阻隔性能和纸质材料的绿色环保性能。

利乐包是瑞典 Tetra Pak 公司开发的用于液体食品的包装产品，由纸、铝、塑料复合，能有效阻隔空气和光线，使牛奶和饮料等液体类产品的消费更加方便、安全，同时使保质期更长，实现了较高的包装效率。

41

（8）其他包装材料/辅料

① 烫金材料有镭射膜、电化铝烫金纸、烫金膜、烫印膜、烫印箔、色箔。

② 胶黏剂、涂料有黏合剂、复合胶、增强剂、淀粉黏合剂、封口胶、乳胶、树脂、不干胶。

③ 包装辅助材料有瓶盖手套机、模具、垫片、提手、衬垫喷头、封口盖、包装膜。

二、材料学是促进包装学科形成和发展的重要推动力

包装首先要在生产领域给产品提供保护性功能，其次要在流通领域给产品提供便利性功能，最后要在销售领域为产品提供销售性功能。材料的不断变化，技术的不断更新，都使得包装学科技术有了长足的发展。

人类进化到狩猎时代，当食物有剩余以后，采取藤条捆绑、树叶包裹的原始的食物包装形态应运而生。进入新石器时代，编制篓筐、烧制陶罐等包装形式实现了人类包装容器制作的第一次技术飞跃。工业革命前的包装形式主要有麻袋、木桶、木箱、兽皮袋、陶罐、竹木篓筐等，这些包装形式主要使用天然材料。第二次世界大战后，瓦楞纸板的出现，使包装行业有了革命性的进步，推动了包装学科的形成和发展，目前以纸代木、以纸代塑已成为包装学科研究的热点。泡沫塑料等包装材料的研发，促进了经典缓冲包装设计体系的形成，使得恶劣环境下的安全物流得以实现。蜂窝纸板及纸浆模塑材料的出现，使绿色环保包装有了更丰富的形式。目前，纸质包装制品及塑料包装制品的设计与开发，已成为包装学科研究的最重要内容。

功能材料是指具有优良的电学、磁学、光学、热学、声学、力学、化学、生物学功能及其相互转化的功能，被用于非结构目的的高技术材料。功能材料的研究成果迅速向包装行业转化，并成为包装学科研究的热点。功能性包装材料就是以包装材料自身的性能为主，在某些特殊功能领域发挥高水平性能的材料，如具有阻隔性、除湿性、防静电性及其他特殊功能的材料。功能包装材料主要有以下几种。

（1）热功能包装材料　包括热光功能、热敏功能、热变形功能、绝热功能、耐热功能等，其中热敏变色材料、热致发光材料等在防伪包装中初露锋芒，耐热阻燃包装材料也受到包装界的青睐。如加拿大一家研究所研制了一种像太阳能集热器一样，能够将光线转化为热能的保温纸，只要把这种纸放在阳光能照射到的地方，纸所包围的空间就会不断有热量补充进去，从而使纸内食物保持一定的温度，食用非常方便。

（2）电功能包装材料　主要有导电功能、光电功能、热电功能、蓄电功能、介

电功能等，其中，具有导电、半导电和超导电功能的包装材料发展尤为迅速，在静电场屏蔽、防静电包装、电磁屏蔽包装中也有一定的应用。

（3）光功能包装材料　主要有光导功能、偏光功能、光化反应、光色功能等，其中，光化反应包装材料、光色功能包装材料等也在包装领域中有了一定的应用。如光降解塑料之类即是一例，不仅扩大了塑料的功能，同时也符合可持续发展战略要求。

（4）化学功能包装材料　这类材料具有化学反应功能、催化功能、吸附功能、解吸功能等，其中的高吸水性树脂、反应变色包装材料已在包装领域得到了良好的应用，并受到好评。

（5）磁功能包装材料　主要有导磁功能、磁滞功能、磁性流体功能等，其中，磁滞功能材料用于包装封合技术，可以大大提高软包装袋的封合强度，而磁性油墨作为一种比较流行的防伪油墨，主要应用于防伪印刷领域，具有优越的防伪效能，它目前在很多领域都得到了应用，例如车票、月票、银行存折、身份证等。

（6）生物功能包装材料　主要包括仿生物功能、生物工程、药物功能等，其中，生物降解功能塑料在包装工程领域也刮起了一段应用"台风"。生物降解塑料是一类可被环境中的细菌、霉菌、藻类等微生物分解，最终变成对环境无污染物质的塑料，其中聚乳酸（PLA）以其优良的性能和潜在的成本优势倍受人们的关注，体现了包装材料的绿色化。

（7）记忆功能包装材料　主要有形状记忆功能、温度记忆功能等，其中，热收缩包装材料就是一个典型例子。热收缩薄膜采用急骤冷却定型的工艺吹塑成型，这种骤冷的生产工艺是根据高聚物定向原理设计的：当树脂被完全塑化挤出成胚膜后，聚合物在玻璃化转变温度和黏流温度之间沿纵横两方向进行强制拉伸，使聚合物的分子链沿拉伸方向取向，这时将薄膜急骤冷却，将拉伸取向所产生的应变"冻结"；当薄膜重新加热到"解冻"温度时，就会产生应力松弛，也就是已定向的分子链发生解取向，此时，被迫处于紧张状态的拉伸链，则恢复到取向前松弛状态的折叠链，因此赋予收缩膜良好的收缩性能。

随着材料科学的进步，新型的功能型包装材料也会不断出现。

第四节　计算机技术对包装学科的支撑作用

信息技术的发展带来的是计算机应用能力的普及，计算机的应用能力已成为新世纪人才的重要必备技能。计算机科学技术在包装设计中的广泛应用是现代信息技

术发展的产物，先进计算机软件的开发及应用能够使复杂的包装设计流程变得更加简单、形象及直观，使包装设计师能够更好地实现用户的意图。计算机科学技术在包装学科及行业的应用，提高了设计效率，降低了研发成本，计算机科学技术与包装技术的融合赋予了包装学科新的内涵。

一、包装 CAD 技术

在包装领域，包装系统 CAD 是重要的工程应用方面，如瓦楞纸箱结构 CAD、缓冲包装 CAD、托盘化包装 CAD。包装系统 CAD 的研究与开发是一个多目标、多变量的复杂系统的优化设计问题。

ArtiosCAD（雅图）是世界包装业最流行的结构设计软件，是一个非常完整的包装结构设计软件，是被世界上作为全球标准进行使用的包装结构设计 CAD 系统。ArtiosCAD 有特别为包装专业所开发的专用工具，供结构设计、产品开发、虚拟样品设计和制造之用，ArtiosCAD（雅图）提高了设计效率。ArtiosCAD（雅图）是瓦楞纸箱和卡纸纸盒设计师的理想工具。ArtiosCAD（雅图）的设计和绘图工具使结构设计人员能够更精确、更为有效完成其设计工作：①工具对齐和吸附功能提供图形反馈，帮助有经验和新的用户立即变得更有效率；②完整的 3D 集成允许快速制作设计图的样品并加以展示，消除在交流时产生的错误，减少设计评估的时间；③ArtiosCAD（雅图）的版式和机加工设计功能可以用来生成印版版式和模切机加工——根据在制造中使用的生产设备进行优化；④软件中的数据库和报告功能增强了公司内部的沟通，以及与外部供应商的交流；⑤ArtiosCAD（雅图）的 Adobe® Illustrator®插件真正为结构和图形设计人员创造出第一个双向沟通的工作流程。

二、包装 CAE 技术

有限元仿真分析技术已经广泛地应用于机械、航空航天、交通、化工、能源、电子等行业。利用有限元分析软件，可以对结构力学、热力学、电磁学、流体力学、声学等领域的多物理场进行耦合或解耦分析，提高了各行业的科学研究及产品开发的效率。ANSYS 软件是目前国际上最流行的大型通用商业有限元分析软件之一，其界面友好、功能强大、学习起来上手快，不仅各科研院所、大专院校将其作为工程实践和科研的重要手段，很多学校在本科阶段就开设了相关课程。

ANSYS 软件是美国 ANSYS 公司研制的大型通用有限元分析（FEA）软件，是世界范围内用户增长最快的计算机辅助工程（CAE）软件，能与多数计算机辅助设计（Computer Aided Design，CAD）软件接口，实现数据的共享和交换，如

Creo、NASTRAN、Alogor、I-DEAS、AutoCAD 等，是融结构、流体、电场、磁场、声场分析于一体的大型通用有限元分析软件，在核工业、铁道、石油化工、航空航天、机械制造、能源、汽车交通、国防军工、电子、土木工程、造船、生物医学、轻工、地矿、水利、日用家电等领域有着广泛的应用。ANSYS 功能强大，操作简单方便，现在已成为国际最流行的有限元分析软件，在历年的 FEA 评比中都名列前茅。图 3-13 为利用 ANSYS 软件计算易拉罐在内部压力作用下的应力云图。

图 3-13　易拉罐的应力云图
MX—最大应力；MN—最小应力

包装行业使用的金属材料、纸质材料、泡沫材料、木塑复合材料等包装制品以及板结构、梁结构、桁架结构、薄壁结构、蜂窝结构、瓦楞结构、实体结构等包装结构的建模，都可利用该软件实现。利用有限元分析软件，还可以进行包装结构静力分析、屈曲分析、模态分析、动态响应分析、产品跌落分析。有限元仿真软件的学习，丰富了包装工程相关专业学生的设计能力，使学生掌握了除实验测试技术及理论分析之外的又一强大研究手段，对于提高包装工程相关专业学生的工程实践能力及科学研究能力，推进包装材料、包装容器的减量化设计，促进包装行业的技术进步等均具有重要意义。

三、包装性能的计算机检测技术

现代包装制品往往在高速运转的流水线上生产完成，靠人力对包装制品的质量进行全检效率低、成本高，容易出现漏检现象。利用计算机技术结合检测技术能够实现高速的包装制品质量检测，降低了工人的劳动强度。

例如灌装产品在出厂前是否灌满流体的检测是十分必要的，灌装瓶封装质量的好坏直接或间接影响到其内部产品的质量。因此，为了减少不合格品的数量，需要增加检测工序，机器视觉自动化检测系统提供了解决方案。PET 瓶封盖液位喷码检测系统是一套在线机器视觉自动化检测系统，可用于检测 PET 瓶在生产过程中有无盖子、盖子偏高、盖子歪斜、安全盖歪斜；套帽在热缩后变形、偏高、缺失；在灌装后液位不足，喷码不良、缺失、漏喷；标签贴歪、漏贴等问题。该系统包含多个工位检测，客户可根据自己实际需求选择部分工位进行检测，并且在检测过程

中自动剔除各个工位的检测不良品，操作简单、方便、快捷；瓶封盖液位喷码检测系统的检测精确度高，瓶子有轻微旋转情况下也可精确测出瓶身上的激光打码有无及是否完整；实时记录数据，所有检测图片均有记录，便于产品跟踪和质量控制。PET 检测系统可以适应不同产品规格，对产品实现实时在线质量检测，还可扩展到如啤酒瓶等别的种类的玻璃瓶检测。

第五节　机械工程技术对包装学科的支撑作用

机械工程学科是以自然科学和技术科学为理论基础，结合生产实践，研究和解决在开发、设计、制造、安装、运用和修理各种机械中的全部理论和实际问题的应用型学科。机械是现代社会进行生产和服务的五大要素（人、资金、能源、材料和机械）之一，并参与能量和材料的生产。包装学科研究使用的各种先进仪器，包装材料、包装容器生产中使用的各种设备，包装过程的实现以及包装产品性能的检测及评估，都离不开机械工程学科的支持。

一、机械学知识是包装学科教学体系中的重要模块

机械工程学科的相关理论方法为包装学科，特别是包装机械学提供了重要的理论与技术基础，机械学知识是包装学科教学体系中的重要模块。湖南工业大学2015 版包装工程专业人才培养方案中，属于机械学范畴的课程就包括机械设计基础、包装机械、金工实习，与机械学紧密相关的课程有工程图学、包装过程自动化、包装工艺学、包装容器设计与制造等。江南大学、湖北工业大学、武汉理工大学、昆明理工大学、兰州理工大学、河北理工大学、重庆工商大学、北京化工大学等院校甚至直接把包装专业开设在其机械学院，由此可以反映出机械工程基础理论知识在包装学科中的重要作用。

二、机械要素贯穿了包装生产的所有重要环节

机械作为现代生产的重要因素，贯穿了包装材料生产、包装容器制备、产品包装实现以及包装件的存储、运输、装卸等各个环节。包装材料的生产需要机械装备实现，包装制品制备所需要的包装材料，如塑料薄膜、各种包装用纸张、金属带材及型材等的生产，都需要专业的机械装备实现。

近年来，随着电子商务的迅速发展及国家"一带一路"发展战略的持续推进，我国包装行业发展迅猛，包装机械对于包装工业的现代化起到了举足轻重的作用。包装材料、包装容器生产效率的提高，包装过程的高效实现，包装生产的节能减排

等均离不开先进的机械工程学科知识作为支撑。

目前国内的包装与食品机械设备制造企业一般要求学生具有坚实的机械设计知识和包装工艺过程知识。包装材料制造企业及包装容器加工企业着重要求学生掌握包装机械的性能、原理、特点等。

一般认为，包装工程专业学生在机械学科方面应具备以下能力：①掌握机械学科的基本基础知识，如工程制图、公差与测试技术；②掌握各种常用的包装机械工作原理、应用范围及特点，能够根据生产需要合理选择包装机械；③具备基本的包装机械使用、维护、维修能力；④具备研究、开发新型包装机械的能力。

三、包装材料及包装件性能评价需要机械实验装备实现

包装学科作为一个偏工程应用的学科，涉及包装材料性能检测、包装容器的质量检测、包装系统的性能评估等内容。包装的主要作用是服务作用，服务于产品的销售与安全流通过程，包装的服务作用一般随着产品流通过程的结束而终止。作为附属物和辅助物，包装材料尽量轻、薄、占用体积小、消耗成本低、绿色环保等。因此，包装材料一般都是高强度、高韧性、高阻隔性的薄壁结构材料，这些材料性能往往呈现出高度的非线性和弹塑性，采用传统的金属材料性能测试方法和仪器，往往不能获得满意的材料性能参数，需要根据包装材料的特点设计专门的检测仪器。包装材料检测使用到万能材料试验机、落标冲击机、戳穿强度测试仪、变压强度测试仪、环压强度测试仪、耐破度测试仪、缓冲材料试验机等仪器装备。

包装材料最终要经过一定的工艺过程加工成内包装制品、外包装容器、缓冲衬垫等，并与产品一起构成运输包装系统。运输包装系统用于抵抗产品在流通过程中的振动、冲击、堆码载荷等环境因素的影响。运输包装系统性能测试需要使用到纸箱抗压试验机、振动试验台、冲击试验机、跌落试验机等，这些装备的工作原理、设计、制造及使用，均需要机械学科知识作为支撑。

第四章　包装学科的人文与社会科学理论基础

　　包装学科是以商品生产和物流工程中的包装件及其形成的包装工程系统为研究对象，研究它们的功能组合、功能形成与功能发挥的规律，是一门融自然科学和社会科学为一体的综合性交叉学科。其具有的综合交叉性以及社会性使得包装学科与其他学科具有十分紧密的联系，使得其他学科也能对包装学科的发展起到更加广泛的支撑作用。

　　包装活动牵涉许多的社会活动和自然规律，从不同方面反映和概括包装活动的学科也甚多，如由宏观要素与微观要素构成的经济学，在行业、企业和标准化中应用到的管理学。与经济联系紧密的包装有销售包装、运输包装、绿色包装，其中销售包装就是经济理论在包装学中的应用延伸，即以经济学的原理为基础，从微观和宏观的角度出发分别从包装销售有关的供需理论和产业经济方面做进一步的分析和研究。管理与包装的联系则更多的是将管理要素应用在包装行业、企业之中。包装学科是以经济学的基本原理作指导，从宏观到微观探讨包装行业到企业的经营与管理的思想、原则、方法和技术。因此，经济学与管理学同包装学科的关系是抽象与具体的关系，它们都是经济学与管理学的基本理论在包装学科纵向领域中的协同应用。

　　除了经济与管理这两门具有社会普适性的学科外，社会生活中所涵盖的艺术设计学以及心理学等，也是从包装活动的不同侧面来探讨包装学科与相关学科相结合的特点和规律，都是具有社会活动要素的与包装学科相关的学科。其中艺术要素在包装中的应用主要体现在包装设计方法、包装美化装饰设计以及包装容器设计多功能性上。包装学科与心理学的关系则是在于消费者可以通过商品包装满足消费视觉、触觉以及味觉上的心理需求，并通过消费者心理上的使用满意度来体现包装消费者效用。因此，艺术设计、心理学与包装学科具有特殊与一般的关系，是对包装学科横向领域的一种补充。

第一节　经济要素对包装学科的应用支撑

　　包装是伴随人类经济活动的必然行为，但早期的包装活动是一种出于对货物保护和移动而形成的被动行为，即货物包装是为了便于储存和搬运。而今，这种活动成为包装所具备的基本功能，包装同时也被赋予了人类的主动行为，即通过包装可以促进商品销售和保护商品质量及性能。经济学作为众多基础学科的主干学科，是研究人类一系列经济活动的规律，即价值的创造、转化、实现的规律，核心思想是资源的优化配置与优化再生。因此，包装经济就是在这一系列的包装活动中产生的经济活动，伴随着社会生产力的发展和社会分工的深化，人们生活水平的不断改善和提高，人们对包装的需求不断增加，而逐步从经济中分化出来包装活动。这使得很多包装学科的内容可以通过宏观经济要素与微观经济要素进行阐述与说明。

一、微观经济要素对包装学科的支撑作用

　　在微观经济学中，任何商品的价格都是由商品的需求和供给这两个共同因素决定的，其中供给是指生产者在一定时期内在各种可能的价格下愿意而且能够提供出售的该种商品的数量，需求则是指消费者在一定时期内在各种可能的价格水平愿意而且能够购买的该商品的数量，其销售量与价格的关系如图 4-1 所示。在包

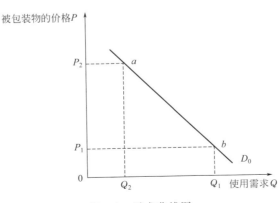

图 4-1　需求曲线图

装市场上，包装制品的购买者代表包装需求一方，消费者的购买欲望是其中潜在的需求，如果得到充分的财力支持，就会成为现实中包装制品的需求。因此，它决定了包装活动和包装经济现象的可能范围。包装产品经营者或者包装生产商则代表包装供给一方，其生产能力、提供产品的品种和质量，决定了包装产品购买者的需求能否得到满足，从而决定了包装活动和包装经济现象的实际范围。包装需求与供给之间形成辩证统一的关系：包装需求的旺盛或者衰退，直接影响到包装供给的数量和质量，而包装供给的数量和质量又反过来制约着包装需求的兴旺程度。

根据国家标准规定，包装制品是指在物品流通过程中保护产品、方便储运、促进销售，按一定技术方法而采用的容器、材料及辅助物等的总体名称，如桶、箱、瓶、坛、袋等用于储存和保管产品的包装材料，也指为了达到上述目的，在采用容器、材料和辅助物的过程中所施加的一定技术方法等的操作活动。包装制品主要用来容纳、保护、搬运、交付和提供商品，其范围从原材料到加工成的商品，从生产者到使用者或消费者。

被包装物就是通过包装后用于传输的物品，由于被包装物的性质、形态存在着较大的区别，被包装物的区别会对包装容器的选材、造型以及结构有着不可忽视的影响。被包装物从性质、形态和使用情况上可以分为食品被包装物、药品及保健类品被包装物、化妆品被包装物、日用品被包装物、服装被包装物、化学物品被包装物、危险类被包装物。

被包装物的购买者为了满足自己对被包装物的需求，必须支付货币以购买包装制品。包装制品生产企业为了自己的生存和发展，则必须售出包装制品以收取货币。在现代市场经济条件下，一切包装产品均以商品形式出现，并随着需求和供给的变化而变化。消费者支付了货币，就有权获得自己满意的包装产品。包装产品生产企业以及从业人员若想收取货币，则必须提供能够满足消费者需求的合格的包装产品。如果某种包装制品质量低劣，那必然会导致消费者的需求欲望降低。同时，由于市场往往不是完全竞争的市场，存在许多的因素影响着市场功能的发挥。因此，这时需要政府通过法规和法律等手段介入市场，监管市场的交易，影响市场中的消费者并管理包装产品经营者。整个关系如图4-2所示。

包装制品与被包装物作为包装学科的主要研究对象，在其生产与消费过程中，供需理论可以作为其主要支撑理论。包装制品与其包装物因材料的特殊性，在销售过程中，包装制品与被包装物作为相配套的互补商品，具有使用上的相互作用，其相互作用一般有三种方式：第一种是对于有溶剂残留物、蒸发残渣、高锰酸钾等化

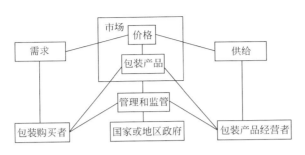

图 4-2　包装经济活动的内在联系

学物质、重金属材料，包装制品中的物质易迁移到被包装物中，使得被包装物受到污染，进而影响被包装物的品质和使用功能；第二种是对于包装物材料的氧气透过率、水蒸气透过率和透油性的性能不佳的包装，环境中的物质透过包装材料会迁移到被包装物中或被包装物中的组分透过包装制品迁移到外界，从而使被包装物的有效成分降低；第三种则是被包装物中的成分反过来渗透进入到了包装材料中，引起包装材料的性质发生改变，破坏包装制品中胶黏剂的结构，降低了包装制品的黏合强度。

　　由于包装制品与被包装物作为生产与消费过程中共同满足消费者需求而捆绑销售的两种产品，由图 4-3 需求的变动模型可知，当 D_0 上被包装物的价格 P 上升时，对被包装物的使用需求 Q 会下降，使得包装制品的需求 q 下降，从而降低了企业对包装制品的生产与供给；反之，当被包装物的价格 P 下降时，对被包装物的使用需求 Q 会上涨，使得包装制品的需求 q 上涨，促使企业加强对包装制品的生产与供给，所以包装制品与被包装物在制造与消费过程中具有相互依赖的关系。

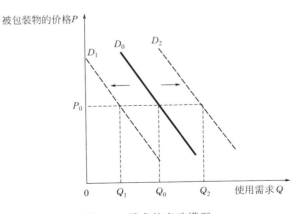

图 4-3　需求的变动模型

在市场需求理论中，互补商品是指使用价值上必须相互补充才能满足人们某种需要的商品，其中一种商品价格上升，需求量降低，会引起另一种商品的需求随之降低。故可以将包装制品与被包装物作为两种消费相配套的互补商品。

二、宏观经济要素对包装学科的支撑作用

经济学对包装学的理论支撑除了微观上的供需理论还有在宏观经济层面上的产业经济效益。产业经济学是应用经济学领域的重要分支，从作为一个有机整体的"产业"出发，探讨的是在经济发展中以工业化为中心的产业间的关系结构、产业内企业组织结构变化的规律以及研究这些规律的方法，研究的是产业内部各企业相互作用关系的规律、产业本身的发展规律、产业与产业之间互动联系的规律以及产业在空间区域中的分布规律等。

按流通环节，将整个包装产业经济因素分为经过制造商生产加工后的包装制品通过物流运输到分销商的销售包装效益，在整个分销环节中由政府监管所产生的绿色包装环境效益，以及从销售商销售包装制品到消费者手中所产生的运输包装效益。据此，按照包装出厂的环节，在宏观经济要素上，将包装过程分为运输过程中的包装保护、商品的美化包装、销售包装以及绿色包装带来的环境效益。

（1）运输过程中的包装保护　近年来，随着电子商务的高速发展，网上购物与消费成为越来越普遍的消费选择，将购买的商品完好运送到消费者手中这一过程中，必然会经过物流运输这一渠道。因此，确保货物运输安全成为物流运输的一项重要任务。而在商品运输过程中出现的运输事故可以是多种原因共同影响造成的。现通过对商品物流运输过程中产生的原因进行统计，得出如图 4-4 所示的商品物流运输事故原因的柱形图，从图中可以看出，由于包装的原因造成物流运输事故的比例十分突出。因此只有合理地设计和选择商品的运输包装，才能更好地保证商品在运输过程中的安全，以提高商品到达消费者手中的完好性。

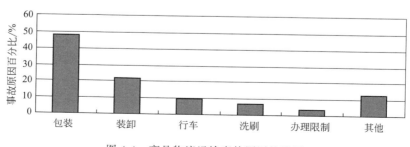

图 4-4　商品物流运输事故原因柱形图

目前，我国对物流配送过程中商品的包装没有较为统一的标准与规定，物流企业普遍采用自身企业标准对商品进行包装，部分物流企业直接随意包装，由此产生的运输包装不当，使得商品在运输过程中产生破损、火灾等不同的情况，极易影响人身安全，也为企业造成了不同程度的经济损失。若能从运输包装上进行改善，可以减少在运输过程中产生的损耗，节约部分包装费用，降低物流成本，进而实现运输效率的提高以及企业经济效益的提升。

　　针对包装商品在运输过程中可能出现的问题以及损益，可以通过以下方式改善运输包装来提高企业经济效益。

　　① 改变包装材料　逐步用新型绿色材料取代天然材料，通过改变包装材料以适应新阶段更大物流压力下的运输效力，并促进环境保护。

　　② 改用集装方式运输　对于大宗货物的运输，可以选择如海路运输中所使用的集装箱式运输，在一定程度上可以节约更大的占地面积、运输空间，节省更多的包装材料，也能更好减少在运输过程中因包装破损造成的商品损失，从降低损耗以及节能的角度来实现运输包装效益的提高。

　　③ 加强运输包装的科技研究　通过加大对运输包装中存在的问题进行实验研究，加强运输包装过程中包装质量的检验，以改善并提高运输过程中的包装制品质量，从自身产品的角度提高运输包装效益。

　　④ 组成专业化的生产体系　我国由于物流起步发展较其他国家晚，在包装材料和运输包装容器的生产上，还未形成较为完善的运输包装工业体系，未形成具有自身独特优势的生产制造体系，很难在质量和工艺上形成优势竞争地位，使得部分包装制品的做工粗劣、耗材较多。通过对包装制品的保护，可从包装制品质量的提升和成本的节约来实现运输包装效益的提高。

　　（2）商品的美化包装　包装除了对商品有基本的保护作用，可以让商品完好通过运输运送到商场或者消费者手中，还能通过商品包装的美化吸引消费者的眼球，促进商品销售。商品包装的美化，实际上也装点了人们的生活。

　　从最原始的陶器外壁上的图案的美化到今天食品的越来越精美的包装，装饰的容器在不断发生着变化，但对商品装饰的美的追求从未降低。

　　在商场，从柜台到货架的摆放，从食品到化妆品的包装，都能给人一种美的点缀和美的愉悦，其中最具特色的是儿童用品和妇女用品的包装。这些商品包装，都普遍有着很高的审美价值，从不同的场合、环境、季节、方向走近人们的生活，美化人们的生活，更是满足新时代人们对美化生活、美好事物的向往和追求。

　　（3）销售包装　销售包装又称内包装或小包装，是直接接触商品并随商品进入零售网点和与消费者直接见面的包装，是适应商品市场竞争和满足多层次消费要求的包装。消费者在使用包装制品的过程也会不断向经销商发出要求改进与创新的信息，这些信息不仅仅是针对销售包装，也同样服务于整个包装产业。因此，我们通过消费者的使用满意度来反映销售包装效益。

从构成包装产业的企业来看，企业给予社会的综合印象主要是通过其自身产品在消费者心目中的置信度来体现的。企业的产品包装不仅包含着自身的使用价值，如图 4-5 所示的药盒包装上的使用说明，还有其包装所带来的社会价值，明显与其他药品的区别。包装制品能给消费者带来使用上的第一印象，这决定了包装制品进一步的消费与使用情况，从而决定企业核心产品的销售与业绩。包装制品不仅能反映自身商品的特色，也能显现出自身产品与其他同类企业产品的区别与特色，使得企业产品获得个性化的商品印象，有利于企业树立良好的社会形象。

图 4-5　药盒包装上的使用说明

从消费者的心理角度来看，存在着一类称为炫耀性类型的消费者，他们希望通过购买的商品来体现出自己的独特性和与众不同的社会地位。因此，这类消费者往往希望自己所使用的产品具有较大程度的唯一性或专属性，能够反映自身地位的特殊与不同。当其他消费者使用这款产品越少时，使用该产品的消费者往往能获得更多效用。包装产品也同样存在这样的特性，如常见的高档烟酒包装，消费者在购买这些包装产品时不仅仅是为了获得包装产品的效用，更多的是为了获取包装产品价格上的差异所带来的独特性与专属性地位。

（4）绿色包装带来的环境效益　目前包装工业还处于高速发展阶段，但是有专家预计，未来我国包装工业长期存在的产能过剩、过度依赖能源资源消耗、自主创新能力弱、企业竞争能力不强、产业规模与经济效益不相称等结构性和素质性缺陷将凸显出来。在包装工业中包装材料的运用占用了大量物质材料，包装材料在污染了自然环境的同时一定程度上也损害了人体健康，因而轻量化、可降解将成为很多企业在生产包装制品时所必须考量的因素。

　　而在全球气候变暖的背景下，环境问题成为越来越突出的问题，包装企业在生产包装产品的同时也有义务去承担和解决由包装引发的环境问题。从技术角度讲，绿色包装是指以天然植物和有关矿物质为原料研制成对生态环境和人类健康无害、有利于回收利用、易于降解、可持续发展的一种环保型包装，也就是说，其包装产品从原料选择、产品的制造到使用和废弃的整个包装周期，均应符合生态环境保护的要求。包装周期循环过程图见图4-6。

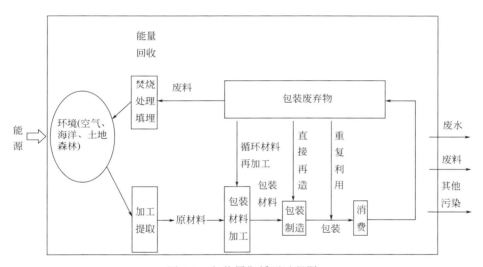

图 4-6　包装周期循环过程图

　　对于包装制品，实现绿色包装必须具备以下要求：①实现包装减量化；②包装易于重复利用或易于回收再生；③包装废弃物可降解腐化；④包装材料对人体和生物无毒无害。通过减量、重复利用、再回收，企业可以尽可能在保证产品利益的同时减少自身成本，从而提高企业经营效益。通过废弃包装制品的降解腐化和材料的减耗化可尽可能提升对环境的保护，在保护生态平衡的态势下提高企业经营效益，提升企业社会认可度，进而增加企业绿色包装效益。

　　从监管包装产业的政府来看，作为市场经济中起宏观调控作用的一双"看得见的手"，政府这一社会性要素的进入，通过国家机关强制性的命令，使得包装企业在生产制造过程中会更加注重对质量的监控。对于在实现绿色包装过程中出现的企业成本增加问题，政府可给予相关政策上的优惠与扶持，让企业可以在保证质量的同时，提升企业效益，也能使企业有更好的包装制品来树立自身包装品牌地位，获

取更大市场份额，以推进地区产业更好发展。

第二节　管理要素对包装学科的应用支撑

管理活动作为人类最重要的活动之一，广泛存在于社会生活的各个领域。管理学科是一门交叉学科，是系统研究管理活动的基本规律和一般方法的科学。根据法国古典管理理论学家亨利·法约尔对管理角色及相关行动的定义，认为管理包含四个要素：计划、组织、领导和控制。包装学科是一门以商品生产和物流工程中的包装件及其形成的包装工程系统为研究对象，研究它们的功能组合、功能形成与功能发挥的规律，融自然科学和社会科学为一体的综合性交叉学科。这使得管理的计划、组织、领导和控制可以对整个包装行业以及包装企业的管理模式变革以及管理创新等应用方面产生较大的影响。因此，通过政府到行业、行业到企业、企业到企业三个维度来阐述管理要素在包装学科中的具体应用。

一、标准化管理对包装行业的要求

1. 政府对包装的综合利用要求

产品包装的设计、生产、销售必须做到其所用的包装材料、包装容器和包装辅助物易于处理与利用。包装应在保护产品并达到流通环境要求的条件下做到对资源的合理利用。

包装废弃物的处理与利用可通过复用、再生、分解、焚化、填埋等技术与方法进行。可复用的包装废弃物应进行合理分类回收，在施加处理后重新加以使用。对于可再生处理的包装废弃物，应在分类回收后的基础上，采用合理的技术与方法进行再生处理。可复用、再生的包装废弃物，须保证易于回收和分拣，并保证其回收和分拣效率。高分子包装材料在满足使用的条件下，可采用降解材料，以避免对环境的污染。

包装材料在加工过程中应使废旧材料及其制品碎屑得到充分的使用和回收。对于留有危险品残留物的包装废弃物，应作为危险废弃物处理。其处理与利用方法必须符合有关危险品固体废弃物污染排放标准或规定。包装应在保护内包装物完好无损的前提下，按易于回收利用与废弃处理的原则，优先选用单一材料。包装制造和流通企业以及销售部门有责任回收使用过的运输包装和销售废弃物，从而进行包装再利用。包装设计、使用、回收和废弃物处理的全过程应符合环境保护的要求，对生态环境无害或无污染，做到科学、合理、经济、实效。

2. 政府对包装产生的废弃物的储存运输与标识使用的要求

① 储存与运输：a. 包装废弃物的储存与运输，必须符合国家有关固体废弃物污染控制标准，采用防散失和其他防止包装废弃物污染环境的措施；b. 露天储存包装废弃物，应具有储存设施；c. 包装废弃物运输时，应打包压实，采用集装运输，做到安全可靠，防止丢弃。

② 标志使用管理：a. 可回收的包装容器及材料，应在明显位置上印刷或粘贴回收包装标志；b. 标志内容应按标准要求并结合包装容器及材料的特点加以适当选择；c. 包装材料的成分应在标志中加以注明。

除了指导、约束生产，保证产品质量在生产中对工艺要求进行反馈，以便持续改进外，标准化的建立还便于生产效率与合格率的提高，完善标准的建立可以使广大操作者有据可查，避免人为主观因素对产品制作过程的影响，从而节省过多的评判时间；另外由于建立了合理的评判标准，在生产中不会再把那些人为判定不合格，可实际上是属于合格标准范围内的、并不影响实际使用的产品予以报废，从而节约了生产成本，也在一定程度上保证了最终产品合格率。

而在包装企业中建立标准应注意方方面面，要兼顾诸多方面加工的要求，要根据不同工序对原材料的要求、对生产工艺的需求以及各工序之间有无掣肘等方面进行标准化管理。首先在包装图文制作处理时应当充分考虑印刷以及后续加工等对生产工艺方面的要求，按照这些要求在设计时添加好出血、抽刀、边标、角线等，对印刷时的咬口、托稍等印刷白边尺寸进行核算并在制作以及纸张尺寸设定时加以考虑，另外还应当针对网点、实地等的印品密度加以测量，以保证印品色调呈现正确，还要针对不同的产品选择出对应性能的原辅材料。这些其实都是印刷前需要制定标准的项目，而且这些项目标准的制定丝毫不能马虎，因为这些初始标准的测定、建立直接关系到后续生产的产品质量。

二、包装行业发展对包装企业的要求

我国包装产业经过 30 多年的发展，已建成涵盖设计、生产、检测、流通、回收循环利用等产品全生命周期的较为完善的体系，在"十二五"期间，包装产业规模稳步扩大，结构日趋优化，实力不断增强，地位持续跃升，在服务国家战略、适应民生需求、推动经济发展、建设制造强国中的贡献能力显著提升。随着国际竞争加剧以及成本优势减弱，"十三五"发展规划对我国包装工业提出更高要求。我国消费品工业产业规模巨大而有效供给不足、制造能力较强而创新能力不足的结构性矛盾越发凸显，行业自主创新能力较弱，产业区域发展不平衡、不

协调问题突出，企业高投入、高消耗、高排放的粗放生产模式仍然较为普遍，品种结构、品质质量、品牌培育等方面与发达国家相比尚有较大差距。

1949 年以来，我国长期处于计划经济管理模式中，对行业实行部门管理，由国家各级政府设置的工业主管部门对其所属企业行使行政管理，而一个企业只能隶属于一个主管部门，这种条框管理已不适应改革开放后市场经济的运行，市场经济需要行业管理，要求政企分开，要求企业在市场经济条件下实行自主经营、自负盈亏、自我发展、自我约束、自我完善。市场经济的行业组织，则是由同行业的企业按照自愿的原则、自下而上组织起来的民间组织。由行业的民间组织自行管理，其具体形式主要为协会。因此，市场经济需要行业管理，只有民间组织的行业管理才能适应市场经济的需要，包装行业的管理也必须强化民间组织的行业管理以及对相关包装企业的管理。

三、包装企业之间的协同管理

行业内包装企业间的协同合作见图 4-7。一般企业的包装管理，是指对产品的包装进行计划、组织、指挥、监督和协调，它是企业管理的重要组成部分。但是，由于企业的产品品种和生产规模等情况不同，在包装管理方法和实际应用方面存在着差别，这使得管理在包装企业中的应用必须根据企业的具体情况，用最经济的方法来保证产品的包装质量，降低包装成本。企业的包装管理工作的好坏，对企业的经济效益有重要的影响。包装管理工作的提高，能保证产品的包装质量，降低产品的包装成本，促进产品的销售，从而提高企业的经济效益。因此，企业的包装管理是一项综合性的工作，企业的全体职工都要提高对包装管理重要性的认识，加强企业的包装管理工作。

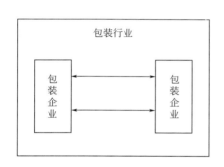

图 4-7 行业内包装企业间的协同合作

企业的包装管理包括包装质量管理和包装费用管理。产品包装质量管理，包括产品包装的设计过程，制造、辅助生产过程和用户使用过程的管理，并涉及包装材料的质量管理和对使用过程中存在的问题的处理。一般企业的产品包装质量管理就是运用管理职能，为提高产品的包装质量，不断地满足用户需要而建立的科学管理体系的活动。而产品的包装费用管理指商业储运企业代货主办理商品包装、加固、拼装、改装、捆扎、打包等业务所发生的各项费用进行管理。其中包装费用主要包括消耗的包装材料价值和组织管理所支付的各项费用，完工入库前的包装费用计入产品成本；入库后发出或领出销售过程中的包装费用计入营业费用；质量检验部门产生的费用计入管理费用。

第三节　艺术要素对包装学科的应用支撑

艺术设计是一门独立的艺术学科，它的研究内容和服务对象有别于传统的艺术门类；同时，艺术设计也是一门综合性极强的学科，它涉及社会、文化、经济、市场、科技等诸多方面的因素，其审美标准也随着这诸多因素的变化而改变。艺术设计中的艺术学理论研究艺术性质、目的、作用任务和方法，它是带有理论性和学术性的有系统知识的人文科学。"艺术"就是用审美的视角看待一项事务。包装艺术是一门专门研究包装之美的学科。包装设计作为其中一个手段成就了包装艺术的生成，而包装艺术又是包装设计发展的导向标。二者有相通之处也有相互作用的关系。但是当"设计"为名词的时候，包装艺术与包装设计的含义又是近乎相同的。据此，以包装设计作为包装艺术的展现，通过包装设计的艺术性、文化性，将艺术设计与包装结合，在包装中应用美化装饰设计和容器设计展示艺术要素对包装学科的应用支撑。

一、包装设计的艺术性

包装的艺术性，主要指包装品在外观形态、主观造型、结构组合、材料质地应用、色彩配比、工艺形态等方面表现出来的特征，给顾客以审美欣赏的心理感受。在提高包装设计的艺术性方面，包装装潢是主要手段，它可以从商品的形象化、色彩的冲击力、文字的号召力，到整体形态的和谐统一，产生巨大的感染力，激发顾客购买欲望和购买行为。但许多包装设计人员，就视包装装潢等同于整个包装设计。古代人们用树叶、竹子、贝壳、葫芦、陶器等盛放、储藏物品，这些原始形态的包装的作用仅是保护物品。随着商品经济的发展，为了促进商品的销售、方便流通，人们一直在研究设计包装外观与结构，力求在科学合理的基础上加以修饰和美化，使包装造型、装贴、画面、色彩、商标、封签、吊牌等方面构成一个艺术的整体。实际上人们在包装过程中都在有意或无意地涉足包装的新领域（即艺术包装），以满足人们日益增长的物质、文化，特别是精神生活的需求。

包装设计从人们传统的认知形式上来看，就是在产品包装上进行装饰或创造各种不同肌理、形态，而形成的新的具有美感的艺术表现形式。包装设计的作品，形成了各种具有特色的设计形式，并由此来传达设计者想要传达的复杂多变

的信息。具有创意意识的设计师就会在包装设计中，有意识或者无意识地穿插具有个性的东西，表现出自己的个性，并成功地以一种强大的视觉力度将包装设计作品中所要表达的信息和内涵传达出去，使消费者在观赏时不自觉地产生一种震撼人心的视觉冲击感受，从而对作品留下深刻的印象，使作品的视觉效果达到最大的影响力，产生购买的欲望。

只有具有美感的艺术设计作品，才能在市场传播过程中吸引观众的注意，引起共鸣，因此艺术设计作品最直接的表达方式就是体现在艺术作品上的视觉元素中的形式美。包装设计中的艺术设计是通过人们在看到外在的事物因为其所表现出来的造型、色彩等因素的不同而给人们不同的心理感受。这种不同感受的主要体现就是形式的主要表现，是各种形式因素及其规律的组合所呈现出来的审美特性，它是人类创造美的过程中关于事物外在形式规律的总结。这种包装设计带给人们的就是一种独立的美、自由的美，这种形式所反映的内容、意义在设计师设计出来的作品中，人们不用过多地去考虑，看到作品就可以直观地感受到视觉美感的存在。

包装设计的功能在如今已不再单单是用于防护、储藏，也是一种不可缺少的促销手段，而包装的设计功能所需要的就是其本身所展示出的性格特征，这也是现代包装设计必须涉及和必须做到的一个领域。在包装设计中，消费者更容易被有目标个性的包装所打动，这样的包装设计更容易被消费者所接受，消费者也可以通过这些包装设计来进行沟通和互动，因此现代包装设计中不可忽略的重要问题就是包装设计中艺术设计的展开所具备的独特性格特征，这样也可以同时为商家创造更多的利益。

二、包装设计的文化性

文化是一种社会现象，是人们长期创造形成的产物，同时又是一种历史现象，是社会历史的积淀物，是人类之间进行交流的普遍认可的一种能够传承的意识形态。包装设计文化是人们在对商品的包装进行设计，以满足消费者精神需求的一切行为方式和满足这些行为方式所创造的事物。而不同的时代、不同的区域，因为时空与民族整体文化的区别，使得包装文化在不同的时代、不同的区域有着各自独特的人文属性和社会属性。

（1）包装设计文化的时代性　包装文化的创造是以当前时代的社会条件为前提，以此阶段的生产力发展水平来决定所设计的包装的特征以及标准，使得每一个时代包装文化都会因为当前历史的发展状态，具有鲜明的时代烙印以及局限性。中国人从古至今一直有一种送礼文化，它在一定程度上反映了中国人的人际关系的变迁。在过去，人们所送的端午节礼盒包装设计多是以刻画人们丰收、赛龙舟或者是蕴含浓浓粽香情为主，而近年来对端午节礼盒包装的设计不仅体现出了文化习俗，还加入了更多绿色包装的内涵，体现了更多中国人对小康社会下更加美好生活的追求与向往。

（2）包装设计文化的区域性　不同的地区、国家，因其历史的进程以及地理上的自然特色，使得不同区域、国家在设计包装产品时，不仅可以体现该地区商品自身的个性和文化性，也可以使消费者更加明确自己所要选择商品的特色，并在包装中体现出各自的精神追求，尤其对于世界优秀的包装设计来说，更会一定程度上带有其所具有的地域特色。以我国传统节日端午节的粽子为例，对比图 4-8 以及图 4-9可以发现，中国的粽子包装普遍是用芭蕉叶做的三角形包装，其三角形包装寓意爱国与爱家。越南粽子则是用芭蕉叶包裹的圆形和方形两种，以圆形粽子代表天、方形粽子代表地，寓意天地合一，大吉大利。

图 4-8　中国粽子包装　　　　　　　　　图 4-9　越南粽子包装

三、在包装中应用的美化装饰设计

实用性的包装既要看起来美观，同时又要在使用上具有便利性。前者是艺术的问题，后者是科学的问题。仅仅美观而使用不方便，或是仅仅满足实用性的要求，而忽视了人们内心对美的追求，这样的包装就不具备优秀包装的要求，会在市场上失去良好的销售力，这要求在包装过程中不仅要重视包装的使用性，还要注重包装的美化装饰设计。对包装的美化装饰设计主要有对包装的商标设计、图形设计、色彩设计以及文字设计。

（1）商标设计　随着竞争的加剧以及国际交流的频繁，商标设计以其独特的功能在品牌形象建设中起着重要的作用。一个优秀的商标设计应该既有完整优美的艺术形象，又能通过这些形象突出商品特征，传达品质形象，加强人们对企业及产品的信赖感，从而为树立良好的品牌形象、促进商品的销售打下坚实的基础。

如图 4-10 所示的美国"可口可乐""麦当劳"等优秀商标的设计令人耳目一新，为企业树立了良好的品牌形象。

图 4-10 "可口可乐"与"麦当劳"商标

（2）图形设计 图形在《现代汉语词典》中的解释为：在纸上或其他平面上表示出来的物体的形状。在设计领域，图形常被解释为以绘、写、刻、印等手段产生的视觉形象。图形设计因图形所具有的直观性与通知性，通过图形的写实风格、装饰风格以及几何风格，可以以图画式语言展示其具体可视的形象，以丰富的表现力

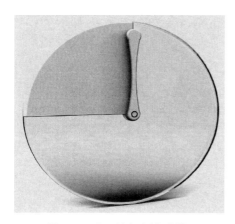

图 4-11 "三刻发言计时器"

轻而易举地吸引大众的视线，并间接地向受众者传递图形中隐藏的更深层次的属性，揭示人们内在的思想观念和精神内涵。如图 4-11 所设计的"三刻发言计时器"，表盘刻度与普通时钟相同，通过拨动包装上的物理指针来取得所需要的倒计时间，但在普通时钟的基础之上，从正、侧、俯三个视角，以圆形以及方形来表现一种"圆缺"之意，同时将记时区域做透明处理，便于演讲者从容利用时间，完成演讲，另外指针两端均为圆形，顶端围绕圆心公转，如同月亮围绕地球公转一般，寓意时间的分毫不差。

（3）色彩设计 色彩设计亦是对颜色的搭配。自然界的色彩绚丽多变，而色彩设计的配色方案同样千变万化。当人们用眼睛观察自身所处的环境时，色彩就首先闯入人们的视线，产生各种各样的视觉效果，给人以不同的视觉体会，直接影响着人的美感认知、情绪波动乃至生活状态、工作效率。包装艺术设计的色彩是依附于图形、文字，不仅要求美观、大方，满足人们的审美要求，而且应与人的心理感受保持协调一致，因此，包装色彩强调整体性、功能性、情感性以及特异性。如图 4-12 所示设计的"轻心"植物香氛系列化产品包装设计，通过形象色可以很

快得知其所包装物为香囊，色彩在传递了商品信息之外，还通过感官上的明调和冷调，给人亲切与清凉的感觉，舒缓疲惫感。

图 4-12　"轻心"植物香氛系列化产品包装设计

（4）文字设计　文字作为视觉元素，在包装设计中不仅承载、传达各种文字信息，还起着十分重要的装饰作用，因此现代包装十分普遍的做法是将文字和图形进行组合，这样不仅可以提高文字的识别度，而且能充分发挥文字独特的审美效果。中国汉字是世界上最有趣、最奇妙的文字，几乎每个方块字都以象形文字为主，它的独特魅力与西方文字形成鲜明的对比。而且汉字书法自成体系，种类繁多，是一座巨大的文化宝库，如设计师胡志才在为河南张弓酒业设计"甄源"白酒的包装时将传统文化要素与包装的视觉要素相结合，设计了如图 4-13 所示的"甄""源"二字。其字体古朴且极具传统气息，在两字的背景中刻画了一幅古人酿酒的完整过

图 4-13　"甄源"白酒包装上的文字设计

程，展示了"甑源"古酒的酿造过程：出窖、配料、拌和、蒸酒蒸粮、打量水、摊凉、撒曲、入窖、储存、勾调、分级入库，突出了"甑源"古酒的历史文化性。

四、在包装中应用的容器设计

包装容器是用于包装和限制被包装物的固体容器，是服务于商品的流通、储运和销售等环节，并主要应用于商品的运输包装与销售包装两大方面。包装容器的结构对商品的包装影响巨大。设计出的包装结构性能将直接影响包装件的强度、刚度、稳定性和使用性，即包装容器结构直接影响包装功能的实现。同时，包装容器的结构还对包装的造型设计和装潢设计产生直接影响。商品包装中使用的容器种类繁多，按结构形状可分为箱、盒、桶、罐、杯、瓶等。

包装的重要目的是使人使用便利，因此，必须考虑到人在使用过程中手或其他身体部位与包装造型相互协调的关系，这种关系体现在设计尺度上。比如，手的尺度是相对固定的，包装造型如何使手在拿、开启、使用、倾倒等动作方便省力，成为包装造型设计中尺寸把握的依据。有些容器根据手拿商品的位置而在包装容器上设计凹槽，或是采用磨砂或颗粒状的肌理，都是为了方便手的拿握和开启。有一种小酒瓶，设计成略带弧形的扁平状，它的造型与人体结构相结合，非常适合放在后裤兜内携带，因此特别受旅行者和体力劳动者的欢迎。同时，包装容器造型形态与产品本身的特性应该是和谐统一的，如女性用品造型上的优美曲线及韵律节奏感的表现，男性用品造型的直线、几何形、刚毅的视觉表现特征，儿童用品可爱而活泼的造型等。当商品拿在消费者手中时，其触觉也会传达出某种情绪与感情特征，肌理与造型的和谐统一构成了完美的视觉美感。

（1）包装容器设计的功能性　包装容器设计的功能性主要体现在其所具有的物理功能、生理功能以及心理功能上。物理功能是指包装容器应能可靠地容装所规定的被包装产品数量，保证不会出现任何泄漏和渗漏，使被包装产品在运输、装卸、使用过程中不受损坏，且自身满足强度、刚度和稳定性要求，包装容器所用材料对被包装产品也是安全的，两者不发生互相作用，因此也称为保护功能。生理功能是商品的包装容器在市场上流通，既要考虑到生产的便利，也要考虑到消费者的使用方便与安全的一种功能，也称为便利功能。心理功能是指包装容器造型设计在形态、色彩、质感等方面直接诉诸消费者的感觉，能引起消费者的注意和心理活动以及购买欲望，就是包装容器造型的心理功能，也称为消费功能。如图 4-14 所示设计的"智能户外净水杯"，图 4-14（a）是水杯的外形图，图 4-14（b）是水杯的过滤主体芯；其中 1 为可拆卸按钮，便于滤芯的更换，2 为金属垫圈，保证滤芯不会滑行，3 为富氧离子膜，是电解净水的主体，4 为可待机 90 天、充电 2h 的 320mA·h 锂电池；图 4-14(c) 为水杯的组装图，其中 5 为 LED 点阵屏，6 为水质灯，7 为开关呼吸灯，8 为铂金涂层，9 为富氧离子膜，10 为 TDS 水质监测指针，11 为无线充电器。图 4-15 的"视障人士的净水器设计"就在充分考虑了物理功能与生理功能的基础上，不仅具有较高的使用性与安全性，还同样符合商品的美学要求。

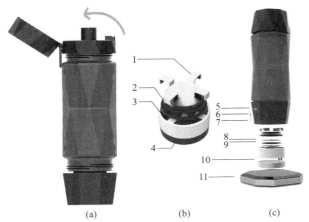

图 4-14 智能户外净水杯设计　　　　　　图 4-15 视障人士的净水器设计

（2）包装容器结构的设计要素　包装容器要可靠地实现以上功能，在其结构设计中就要解决好所涉及的影响因素，即处理好被包装产品与包装材料的关系，包装容器结构与流通环境之间的关系。所以包装容器结构的设计要素为：被包装产品、包装容器材料及流通的环境条件。

① 被包装产品　从广义的角度来说，一切产品都可以成为被包装产品，根据产品属性可以进行分类。例如，机电工业品、轻工日用品、农牧水产品、化工产品、医药用品等。对这些产品还可以进一步细分。被包装产品是包装容器结构设计的研究对象，在进行结构设计前必须明确其所有性能，内容包括：用途和特性、形状和物态、质量和尺寸、易损性、耐水性、防锈性、抗霉性、污染性等。

② 包装容器材料　现代包装中使用的材料种类繁多，且随着材料科学的发展而不断增加，但目前主要使用的包装容器材料为纸与纸板、塑料、金属、玻璃以及陶瓷。上述几大类包装容器材料基本性能比较见表 4-1，由表 4-1 可知，包装容器材料对产品包装好坏的影响很大，因此包装设计人员必须掌握各种包装材料的性能和特点，充分了解材料的适应性、结构工艺性以及经济性，时刻关心新材料的面世，在设计中做到正确选择合适的材料。

表 4-1　包装容器材料基本性能比较

性能	纸与纸板	塑料	玻璃、陶瓷	金属材料
阻隔性能	差	较好	好	好
机械强度	差	较好	差	好
化学稳定性	一般	较好	好	一般
加工适应性	好	好	较好	好
方便性	好	好	一般	好
装潢造型	好	较好	较好	好
经济性	好	较好	较好	好
卫生性	较好	较好	好	较好
回收处理性	好	差	好	

③ 环境条件　被包装产品经包装容器的包容和包装后成为商品，经流通环节最终到达用户和消费者的手中。在流通环节中接触到的一切外部条件因素即为流通环境条件，而流通环境条件是导致被包装产品损坏的主要外部因素。影响包装容器结构设计的环境条件主要有以下几类：物流因素，包括运输过程中的冲击、振动和堆码、静压等；生物化学因素，包括温度、湿度、雨水、辐射、有害气体、微生物等自然条件影响；人为因素，包括野蛮装卸等。在进行包装容器的结构设计时，必须充分考虑上述三大因素，协调设计中可能出现的各种矛盾，做到结构设计的最优化。

第四节　心理学要素对包装学的支撑

心理学是一门研究人类心理现象及其影响下的精神功能和行为活动的科学，兼顾理论性和应用性。其研究涉及知觉、认知、情绪、思维、人格、行为习惯、人际关系、社会关系等许多领域，也与日常生活的许多领域发生关联。实际上，很多人文科学和自然科学都与心理学有关，人类心理活动其本身就与人类生存环境密不可分。在物质生活被满足的当下，包装更多的是要满足包装品的购买者和使用者的心理上的精神需求。同时产品包装也要在设计时考虑差异化包装，使包装具有更多的艺术性、趣味性、时尚性。

心理学要素对包装的影响更多的是从视觉感知、触觉感知以及味觉感知方面对包装设计产生影响。视觉作为消费者在购买时的最直观感受，在购买者的心理活动过程中占有极其重要的位置。通过适当的文字、图案、色彩来对包装品的属性进行描绘，以吸引顾客的注意力，最终达到销售产品的目的。触觉感知同样对包装设计有十分重要的作用，包装的材料、质地、造型以及包装材料表面的肌理都会使消费者在购买时获取不同的信息，合理地将触觉信息反馈给消费者，能让消费者间接判断商品的价值。味觉感知对食品包装的影响尤为突出，主要是通过色彩以及图案来给予消费者味觉暗示以及视觉暗示，进而让消费者产生味觉感，以满足人对食物最本质上的欲望，从而达到吸引眼球并促进消费的目的。

商品包装在引起人们的注意后，会让消费者产生兴趣并获得内心情感的满足，进而让消费者产生强烈的购买意愿，从而影响消费者的选择。在这一过程中，展示出了商品包装具有的以下心理功能。

（1）刺激功能　商品包装作为商品的一部分，并且是消费者最先看到的那一部分内容。因此，商品包装会成为消费者选择商品的一个首要判别点，其中具有个性化且包装精美的商品会更容易引起消费者的兴趣，激发消费者的购买欲望。

（2）宣传功能　商品的外包装不仅作为商品的标识，也会标注说明商品的相关资料情况，也起到了向消费者介绍并宣传商品形象的作用，便于消费者进行最后的商品选择。

（3）享受功能　包装在设计上的时代性与艺术性，不仅美化、包装了商品，还会使消费者获得外观上的美的享受，让消费者获得审美情感的满足，进而吸引消费者购买商品。

综上所述，人的心理活动是极其微妙的，也是难以琢磨的，人们往往凭自己的印象购买商品。对消费者的心理研究同样表明，美丑、高雅与粗俗，关注与排斥，这些心理上的情感，不会因为性别、地区以及个人的偏爱有所不同。所以，一个简单的商品包装需要具有消费心理学的理论基础。

第五章　国内外高校包装学科建设分析

回顾包装学科发展历史，国外包装工程专业最早分别是作为食品科学技术系的加工与保存技术、机械与电子工程系的机械电子设备的储存运输技术、造纸工程系的纸品加工应用技术、材料系的高分子阻隔材料应用技术等出现的。随着商品经济的发展，人们逐渐认识到包装技术已经成为商品的加工、储运、流通中的一项关键而综合性的专门技术，有必要单列为学科。

发达国家的包装工程专业教育始于 20 世纪 50 年代初。美国是第一个设置包装工程专业的国家，密歇根州立大学建立了世界上最早的包装工程学院，并在 20 世纪 90 年代初形成了从学士、硕士到博士的包装工程人才培养体系。目前，美国有 40 多所高校开展包装工程专业教育，其中设置硕士、博士学位的学校有密歇根州立大学、克莱姆森大学、罗切斯特理工大学、罗杰斯大学等。德国设置包装工程硕士、博士点的学校有多特蒙特大学、柏林工学院、汉堡工学院、德累斯登工业大学、斯图加特印刷学院等。法国、英国、印度、泰国、韩国等国家的部分高校也开展了不同层次的包装工程专业教育。我国包装工程专业教育起步于 20 世纪 80 年代。为适应我国包装工业的发展，1984 年，教育部批准试办包装工程本科专业，无锡轻工业学院（现江南大学）、吉林大学、上海大学、西北轻工业学院（现陕西科技大学）、陕西机械学院（现西安理工大学）、天津轻工学院（现天津科技大学）首批获准试办包装工程本科专业。1993 年，教育部正式将包装工程专业列入本科专业目录。

如前所说，"包装学科"作为一种学科学术思想的产生，已有 60 余年时间。在这期间，包装学科活动不断增多，使得包装学科逐渐走向成熟。在我国，包装学科建设及专业教育虽已经走过 30 多年的发展历程，但发展速度仍没有进入"快车道"。近 20 多年来，学术界和教育界关于我国包装学科建设及专业教育的讨论已有不少，也有把我国包装学科建设及专业教育与国外发达国家进行比较研究的，但系统性去分析的，不多或不全面。本章将对国内外高校包装学科建设及专业教育情况进行案例分析和比较，寻找国内外高校包装学科发展存在的差异，找出我国在包装学科建设及专业教育中存在的问题，以便促进我国包装学科的发展。

第一节　国外高校包装学科建设举例

国外开设包装教育项目的高校人才培养体系有代表性的主要分为两类：一类是以本科教育为主，兼具硕士和博士教育；一类则是以职业教育为主，兼具硕士教育。在此，我们主要选择了美国密歇根州立大学包装学院和法国兰斯大学包装学院进行介绍。

一、美国密歇根州立大学包装学院

密歇根州立大学包装学科创立于 1952 年，于 1957 年成立了独立的学院。密歇根州立大学包装学院（Packaging School of Michigan State University）是包装科学和技术领域的先驱和领导者，有 60 多年的办学历史，20 世纪 90 年代具备了学士、硕士、博士培养体系，现已成为包装领域的"领头羊"，在本科、研究生、继续教育、包装科技及包装科技研究方面成果斐然。包装的第一个科学学士学位颁发于 1955 年 3 月。从 1952 年开始，该学院授予了超过 7000 个学位。今天该学院拥有本科生 800 多人，硕士、博士研究生 69 人，在编教师员工 20 多人。选拔的教师主要是来自企业、公司及研究机构从业 5～10 年的技术骨干，具有独立的管理建制。密歇根州立大学包装学院是全美国发展水平最高的院校，自创办以来提供了高质量的本科生、研究生教育以及继续教育，在包装科学与技术领域一直处于领先地位，致力于包装的研究、创新、可持续发展和管理。因此，本章首先对该学院的包装学科建设情况进行分析。

（一）科研教研成果

在科学研究方面，密歇根包装学院通过 50 多年的不断发展，取得重大科研技术成果，在物流和防护性包装领域享誉海内外。伴随着计算机在衬垫设计、脆

性评估、物流动力学及物理环境建模方面的运用，该学院将继续领跑于该领域，也是在包装物渗透性、拆装识别、保质期、食品包装、产品及包装兼容、运输资质研究方面的佼佼者。基于生物学的聚合物、纳米合成产品、无限电波谱识别、自动化包装、药理性包装以及食品安全质量包装设计是该学院的新研究领域。

在合作与产业的拓展方面，密歇根州立大学包装学院定位独特，旨在创造和传播包装科技方面的宝贵知识，使全世界人们具备英明决策的能力，提高生活品位。该学院通过包装学院产业咨询委员会、包装校友协会、包装管理论坛、公司互访等多种平台与包装业保持紧密联系。该学院众多学生学习期间参加带薪实习，与产业合作方互动交流；他们还通过密歇根州立大学国家牵头的海外学习计划与国际包装业接轨，这些海外学习项目入驻英国、日本、瑞典、西班牙等世界其他地方。包装学院还启动了两个产业联合机构，共同出资资助非专属的科研方向：食品药品包装研究中心和包装物流联合会。另外，该学院教师与相关学科教师及其食品科学（食品科学与人类营养系）、食品安全（国家食品安全与毒理学中心）、工程学（工程学院）、供应链（商学院）等其他学科的产业同仁紧密合作。

在教学实力方面，在美就业的包装专业毕业生半数以上来自密歇根州立大学。学校提供包装专业学士、硕士及博士学位，也有专业学位项目和针对处在就业期专业人士的网络函授硕士，已授予 7000 多个学术学位，目前包装学院拥有在校生近900 人，并凭借包装专业方面的雄厚资源广为人知。

（二）人才培养及成效

包装学院从一开始就进行了国际包装教育交流项目，来自世界各地的国际学生寻求入学该学院的研究生课程，超过一半的研究生是国际学生。大多数国际学生在完成教育后，返回祖国，成为包装行业的领导者。该学院的教师在全球广泛地担任包装领域的顾问并参与研究和教育计划项目，使其在美国以外的许多国家都有校友。在教学实力方面，在美就业的包装专业毕业生半数以上来自密歇根州立大学。

目前包装学院在校的本科学生 800 多人，其中 2% 是国际学生，每年招生约200 人，采用学分制，弹性学制。包装科学学士的培养主要是包装技术方面的"通才"，包括包装材料、包装过程、包装测试、包装系统开发等宽泛的知识。包装专业课程名称及简介见表 5-1。该学院面向包装工业培养实用性人才，强调理论结合实际，重视课程设计和实验技能训练，而且必须至少有半年的包装企业实习。所

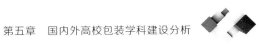

以，一般来说，学习期限至少为 4.5 年。

表 5-1　包装专业课程名称及简介

代码	课程名称	主要内容
PKG101	包装原理	包装系统、包装类型、包装材料及其与社会需求的关系
PKG221	玻璃与金属包装	玻璃和金属的物理、化学性能及其在包装上的应用
PKG322	纸和纸板包装	木材、纸与纸板的物理、化学性能和生产加工及其在包装中的应用；纸包装件的设计、制造、应用和评价
PKG323	塑料包装	塑料的物理、化学性能及其选择原则；塑料包装件的设计、制造、使用性能及评价方法
PKG330	包装印刷	包装件主要印刷方法，包括原稿准备、版面设计、电子图像、美学原理、照相技术和包装材料性能的影响等；印刷包装件的生产以及质量控制、经济核算和环境问题等
PKG370	包装与环境	包装对环境的影响；固体废弃物的形成；空气和水的质量评价法令、经济效益和能源消耗；资源合理开发利用
PKG410	运输包装动力学	在物流过程中危害因素的识别与测定；防止气候、冲击、振动和压缩等危害因素影响包装件的防护方法
PKG415	包装决策系统	介绍计算机在包装系统的管理、规范、生产和试验中分析问题和解决问题中的应用
PKG432	包装过程	包装过程中机械加工、生产组织和质量控制的综合性研究；气动、液压和电气等各项技术的应用；产品、包装和机器相互关系
PKG440	机器人和自动化包装	机器人系统的构造、元件、驱动机理、操作控制和反馈及安全性等；在线监控、可视系统、导向装置和储存检索系统、重复使用和可扩展包装，容器清洗和识别以及经济成本等
PKG452	医药包装	药品与医疗品包装的特殊要求，包装系统和包装程序的评价
PKG455	食品包装	涉及具体食品及加工的食品包装系统，食品成分、包装要求及解决方案，货架寿命和食品包装生产线
PKG460	运输包装与性能测试	包装与物流系统的关系，物品运输、材料搬运与库存；现代物流和管理系统；性能试验和产业实践；包装容器设计及测试
PKG475	包装经济学	包装行业与公司、政府的政策有关的经济学论题；经济政策与社会问题的相互关系
PKG480	包装法律与条例	包装法律和条例的形成历史与发展；国家法令、政府条例和商业条例之间的关系；当前法律和条例对包装的影响
PKG485	包装开发	为包装件的防护、流通、采购、使用和回收处理等事宜涉及的包装系统的选择、设计和组织实施等包装发展问题

代码	课程名称	主要内容
PKG490	包装问题研究	对具体包装问题的开发性分析和解答,学生申请得到批准后需在导师指导下由各人独立完成
PKG491	专业课题研究	学生选择感兴趣的当代包装课题进行研究
PKG492	高级研讨(班)	关于当代包装项目、业务组织和机构运作以及在社团环境下允许进行实践的高级研讨课

该学院本科课程设置特点是除以上包装工程常规的课程以外,还需具有 14 个学分的商务课程,如会计原理导论、广告原理、金融导论、市场营销导论等,这是与我国课程设置最大的区别所在,其详细的包装专业课程名称及简介见表 5-1。该学院课程教学主要特色是以学生为主导的课堂教学,企业嘉宾的讲座进入课堂,并且每个学生在校期间实习 1～3 次,每次 6 个月。实习模式采用顶岗实习,需要解决企业具体问题,并有相应待遇和工薪。包装专题研究选择一项包装课题做特别研究,如包装设计分析方法、包装设计及评估的分析与定量方法,撰写小论文并课堂讨论,对包装的某个领域进行深入研究,学习撰写论文及其答辩的表达方法。

由于包装是美国的第三大工业产业,每年有上千亿美元的产业。因此,发达的包装业及其可持续发展为各级包装专业人才提供了巨大的就业市场。包装专业毕业生一次就业率达 96％以上,90％以上的毕业生从事本专业的工作,而且平均起步工资高(研究生工资高于本科生 25％～30％以上),就业主要以企业包装部门、包装公司、包装材料公司为主。每年都有自己的招聘会,学生可在校兼职或全职,就业环境很好。包装专业的毕业生,工作去向主要是食品、医药、汽车、电子、化工、化妆品、保健品、工农业、包装生产、包装运输等行业,从事设计、开发、实验室测试与评估、材料研究、销售与市场、供应商联系、成本控制、质量控制、采购、制造过程监督、技术服务等,工作头衔分别为包装工程师、包装测试与研发工程师、产品开发经理、生产质量保证监督、设计部门经理、销售经理、零售商等。

包装学院提供研究生培养项目,培养包装科学的硕士学位和博士学位研究生。目前其硕士和博士教育的生源 80％是国际学生,来自中东地区、东亚地区和欧洲,如印度、巴基斯坦等。硕士、博士的课题,取决于导师的研究方向,以农产品储运及物流过程相关问题为主。美国发达的包装工业促进了美国包装高等教育向高层次方向发展,符合市场要求和规律的研究生教育体系,满足了市场对不同层次人才的需求。研究生培养方向体现了包装工程学科的特点，具有全面性和精细化。

1. 硕士学位研究生培养

在入学条件上，想要申请包装科学硕士的人需要具备以下几个条件：具有包装或相关专业学士学位。如果是后者，必须先修完大多数包装本科专业课；本科学习阶段后两年的学绩分（GPA）为 3.0（B）以上（四级制）；主修了 1 年的大学物理和化学（包括有机化学导论）；主修了 1 学期的微积分；提交研究生入学考试（GRE）成绩（国际学生还需提交 TOEFL 成绩）和 3 封推荐信。在美国，包装硕士生主要来源于下列这些专业的本科生：包装、食品科学与工程、农学、生物技术、物理、材料科学、森林学、冶金、电工、市场学、机械、工程艺术、摄影、印刷、工业化学、医药化学、药品和商业管理等。

包装科学硕士的培养致力于分析和解决实际问题的"专门人才"，在企业中能在新包装材料应用和包装过程研发方面独当一面。科学硕士学位提供计划 A（论文）和计划 B（没有论文）选项。计划 A 主要在校培养，注重论文研究而非课程研修；计划 B 为在线科学硕士学位，没有论文要求，仅完成研究生课程研修，需完成研究生毕业设计，学习期限至少为 2 年。

包装专业理学硕士项目提供以下众多研究领域之一的专业培养：物流环境下的产品和包装损坏；包装体系质量维护和储存稳定性；包装材料和体系的机械性能；包装系统开发和优化；医药包装；包装中的人机因素；环境对包装的影响；包装材料及容器的循环利用；包装自动识别；商务营销包装等。

2. 博士学位研究生培养

对于想要申请包装科学博士研究生的人则需要具备以下几个条件：在包装或相关科学、工程领域取得硕士学位（论文型），硕士阶段学绩分至少是 3.40（四级制）；提交研究生入学考试（GRE）成绩（国际学生还需提交 TOEFL 成绩）；提交博士入学考试成绩及三封推荐信，附带申请表、录取推荐表。

包装科学博士的培养定位为包装专业高级人才，在特定的包装领域有深厚的知识和经验。除修少量课程学分外，主要结合包装专题研究，撰写博士论文，学习期限至少为 3 年。

博士学位培养项目提供以下研究领域之一的专业教育和培养：物流环境产品或包装破损；包装体系和材料性特征；包装产品质量维护和储存稳定性；包装材料和体系的机械性能；物流包装；医药包装；包装人力因素；环境对包装的影响；包装体系开发和优化循环利用；商务营销包装；自动识别等。

（三）课程设置情况

博士和论文型科学硕士培养，全部或大部分课程和研究将在校内进行。

在美国，研究生的课程设置一般包括以下几类。

（1）高等包装动力学　包括冲击与振动；运输安全性和产品易损性；衬垫性能及缓冲包装设计；流通环境测量和模拟。

（2）渗透性及货架寿命　包括在各种环境下，被包装食品/药品与气体、湿度以及包装内有机蒸气渗透性的关系；包装材料仪器分析，如分光光度法、色层法等包装分析方法；材料特性及鉴别；气体移动规律及其渗透性测量。

（3）高分子包装材料　包括高分子材料的物理和化学性能以及在包装中的结构和特性；包装加工和应用包装塑料的加工方法；挤出、薄膜涂覆和容器加工；加工变量对结构形态和性能的影响；包装结构与性能实验；塑料加工。

（4）包装材料稳定性和再生处理　包括包装与环境的相互影响；腐蚀、降解、稳定性、重复再生；包装废弃物处理对环境的影响。

（5）包装专题特别研究　包括包装设计方法、包装评估分析与定量方法；专题论文撰写；课堂讨论；撰写论文及其答辩的表达方法。

严格的硕士培养方案包含至少 30 个课程学分。学生要取得硕士学位课程总分中的 16 个学分。其中的 16 个学分必须通过包装课程、专业问题研究取得。硕士研究生培养分为两种方案。方案一：论文选项，论文学分（PKG899）需相当于至少 6 个但不多于 9 个 PKG800 级别的包装课程学分，如 PKG888、PKG890 和 PKG899。剩余学分可以从 PKG400 级别或更高级别的或其他系的课程中获得。方案二：非论文选项，必须完成 PKG888（相当于 2 学分）课程及 PKG800 级别包装课程中的 12 个学分，不包括课程 PKG888、PKG890 和 PKG899。剩余学分可以从 PKG400 级别或更高级别的或其他系的批准课程中取得。辅修课程：未能完成学士学位包装课程学分的学生，除完成常规性硕士培养要求课程外，必须修完本科包装核心课程（或选修 PKG801、PKG802 及 PKG803 课程）。其硕士研究生课程设置见表 5-2。

表 5-2　硕士研究生课程

代码	课程名称	主要内容
PKG805	高等包装动力学	关于冲击与振动的前沿论题,流通危害因素和产品脆值,缓冲特性和包装设计,环境条件的测定和模拟
PKG815	渗透性和货架寿命	讨论被包装食品和药品的保质期在不同状态下与气体、湿气和有机气体渗透性之间的关系

续表

代码	课程名称	主要内容
PKG817	包装材料仪器分析	应用于包装件的光谱仪、色谱仪、热工仪器和其他仪器分析方法，材料识别与特性显示，物质迁移和渗透性测试
PKG825	聚合物包装分析	常用于包装的聚合物材料结构的物理、化学性能及其与使用性能之间的关系
PKG875	包装材料稳定性和再循环性	讨论包装材料与其使用环境的相互作用，包括腐蚀、退化、稳定与再循环；包装废弃物处理与效果
PKG888	硕士学位计划	完成有关几个包装专题的一个设计项目
PKG890	包装课题研究（学生申请取得批准）	主要是让硕士生对专门的包装问题独立地展开有创造性的研究
PKG891	自由选题研究	硕士生按本人兴趣选择研究专题
PKG899	硕士论文	在完成上述有关课程后即撰写出论文并答辩

博士培养课程设置极具个性化，所有学生需修学以下课程：PKG895 包装设计分析方案（3 学分），PKG992 包装核心研讨会（2 学分），PKG999 博士论文研究（1～24 学分），其他课程要求由学生指导委员会确定。博士研究生课程设置见表 5-3。

表 5-3　博士研究生课程

代码	课程名称	主要内容
PKG895	包装设计的分析解答（学生申请取得批准）	研讨包装设计和评价的定性分析和定量计算技术，也适合于农学院、工程学院和自然科学学院的博士生
PKG990	包装专业研究	让博士研究生对现代包装论题作出独立的创造性研究工作
PKG992	包装高级研讨（班）	对现代包装的实际专题作出详细研究后进行口头学术报告（只适合包装专业博士研究生）
PKG999	博士研究论文	按照各项规定全面完成博士学位论文并准备参加答辩（只适合包装专业博士研究生）

除此之外，该学院还开设了远程教育、终身教育及职业教育课程，远程教育课程见表 5-4，终身教育项目课程（可获得技术培训证书）见表 5-5，职业培训课程（可获得职业培训证书）见表 5-6。

表 5-4　远程教育课程

代码	课程名称	主要内容	备注
PKG805	高等包装动力学	关于冲击与振动的前沿论题，流通危害因素和产品脆值，缓冲特性和包装设计，环境条件的测定和模拟	从 MSU 包装学院课程表中确定四门代码 800 号以上课程（可以取得 12～13 学分）

续表

代码	课程名称	主要内容	备注
PKG815	渗透性和货架寿命	讨论被包装食品和药品的保质期在不同状态下与气体、湿气和有机气体渗透性之间的关系	
PKG817	包装材料仪器分析	应用于包装件的光谱仪、色谱仪、热工仪器和其他仪器分析方法,材料识别与特性显示,物质迁移和渗透性测试	
PKG825	聚合物包装分析	常用于包装的聚合物材料结构的物理、化学性能及其与使用性能之间关系	
PKG875	包装材料稳定性和再循环性	讨论包装材料与其使用环境的相互作用,包括腐蚀、退化、稳定与再循环;包装废弃物处理与效果	
PKG888	硕士学位计划	完成有关几个包装专题的一个设计项目	
PKG890	包装课题研究(学生申请取得批准)	主要是让硕士生对专门的包装问题独立地展开有创造性的研究	
PKG891	自由选题研究	硕士生按本人兴趣选择研究专题	
PKG899	硕士论文	在完成上述有关课程后即撰写出论文并答辩	
PKG895	包装设计的分析解答(学生申请取得批准)	研讨包装设计和评价的定性分析和定量计算技术,也适合于农学院、工程学院和自然科学学院的博士生	
PKG990	包装专业研究	让博士研究生对现代包装论题作出独立的创造性研究工作	
PKG992	包装高级研讨(班)	对现代包装的实际专题作出详细研究后进行口头学术报告(只适合包装专业博士研究生)	
PKG999	博士研究论文	按照各项规定全面完成博士学位论文并准备参加答辩(只适合包装专业博士研究生)	
PKG888	硕士学位计划	完成有关几个包装专题的一个设计项目	
PKG410	运输包装动力学	在物流过程中危害因素的识别与测定;防止气候、冲击、振动和压缩等危害因素影响包装件的防护方法	选择包装专业或相关领域中五门或六门代码400号以上的课程(15~18学分)

代码	课程名称	主要内容	备注
PKG415	包装决策系统	介绍计算机在包装系统的管理、规范、生产和试验中分析问题和解决问题中的应用	
PKG432	包装过程	包装过程中机械加工、生产组织和质量控制的综合性研究,气动、液压和电气等各项技术的应用,产品、包装和机器的相互关系	
PKG440	机器人和自动化包装	机器人系统的构造、元件、驱动机理、操作控制和反馈及安全性等;在线监控、可视系统、导向装置和储存检索系统、重复使用和可扩展包装,容器清洗和识别以及经济成本等	
PKG452	医药包装	药品与医疗品包装的特殊要求,包装系统和包装程序的评价	
PKG455	食品包装	涉及具体食品及加工的食品包装系统,食品成分,包装要求及解决方案、货架寿命和食品包装生产线	
PKG460	运输包装与性能测试	包装与物流系统的关系,物品运输、材料搬运与库存;现代物流和管理系统;性能试验和产业实践;包装容器设计及测试	
PKG475	包装经济学	包装行业与公司、政府的政策有关的经济学论题;经济政策与社会问题的相互关系	
PKG480	包装法律与条例	包装法律和条例的形成历史与发展;国家法令、政府条例和商业条例之间关系;当前法律和条例对包装的影响	
PKG485	包装开发	为包装件的防护、流通、采购、使用和回收处理等事宜涉及的包装系统的选择、设计和组织实施等包装发展问题	
PKG490	包装问题研究	对具体包装问题的开发性分析和解答,学生申请得到批准后需在导师指导下由各人独立完成	
PKG491	专业课题研究	学生选择感兴趣的当代包装课题进行研究	
PKG492	高级研讨(班)	关于当代包装项目、业务组织和机构运作以及在社团环境下允许进行实践的高级研讨课	

表 5-5　终身教育项目课程（可获得技术培训证书）

技术培训

代码	课程名称	主要内容	学分	备注
PKG101	包装原理	包装系统、包装类型、包装材料及其与社会需求的关系	3	在学习 PKG202 课程前必先学完
PKG201	包装材料		4	PKG201 课程
PKG202	包装流通与过程		4	

表 5-6　职业培训课程（可获得职业培训证书）

代码	课程名称	主要内容	学分
PKG805	高等包装动力学	（1）关于冲击与振动的前沿论题，流通危害因素和产品脆值，缓冲特性和包装设计，环境条件的测定和模拟；	3
PKG815	渗透性和货架寿命		4
PKG875	包装材料稳定性和再循环性	（2）讨论被包装食品和药品的保质期在不同状态下与气体、湿气和有机气体渗透性之间的关系；	3
PKG891	专题：应用于包装问题的聚合物	（3）讨论包装材料与其使用环境的相互作用，包括腐蚀、退化、稳定与再循环，包装废弃物处理与效果	3
PKG891	专题：包装的价值问题		3

二、法国兰斯大学包装工程学院

法国兰斯大学包装工程学院成立于 1989 年，位于香槟-阿登地区的首府，法兰西三大圣城之一的兰斯（Reims），是举世闻名的香槟酒生产地，文化氛围厚重。兰斯大学历史悠久，其包装教育始于 20 世纪 80 年代初，1983 年第一次授予包装专业的理学硕士学位，随后包装教育受到了学生和就业市场越来越多的关注。为使学生获得广泛且扎实的专业基础，经法国工程师学位委员会同意，将学制从 2＋2 的"理学硕士"，转为 2＋3 的"工程师"学位。法国国家科研与高等教育部于 1987 年 9 月 7 日正式行文，在兰斯大学设立"包装工程师"学位。2 年后，根据 1989 年 10 月 23 日的总理法令，创立了法国唯一的包装专业学校——兰斯大学包装工程学院，其培养目标十分明确，注重与企业和科研机构紧密结合，在欧洲建立起了很好的声誉，超过 30％的毕业生是在法国以外的国家获得职位。

（一）人才培养目标及模式

1. 培养目标

从兰斯大学包装工程学院毕业的工程师，要能够满足范围相当广泛的各个领域的需要，因此，要求毕业生具备如下的能力：能够根据成本、市场、生产过程、流动资金、包装产品的保护和储存、方便消费者使用和相关法规诸因素，开发新型包装和改进现有包装；开发新的包装技术和工艺，改进现有的技术和工艺；能够与开发、生产、市场、采购和质管部门进行协调，并向这些部门提出建议；制定包装材料、包装件、包装机械和包装工艺的技术标准，制定各类招标细则；能够指导和进行运输与装卸的测试，并对测试结果进行评估；能够组织实验室的各类实验，以确定产品/包装的相容性；具备与供货商（或客户）谈判的能力；能够对各类包装方案进行分析，从而提出改进方案或新的方案；能够跟踪诸如在材料、机械、工艺和流程等包装领域的技术发展。

2. 培养模式

在开办包装工程专业的初期，其学制为 2＋2 的 4 年制"理学硕士"，即大学本科 2 年级以上的学生或同等学历者，才具备进入兰斯大学包装工程学院的资格。学生进入包装学院后，进行 2 年的专业学习，毕业生被授予"理学硕士"的学位。1987 年将学制从 2＋2 转为 2＋3 的五年制"工程师"培养模式，即大学本科 2 年级以上的学生进入包装学院后，进行 3 年的专业学习，毕业生被授予"包装工程师"学位，这使其毕业生受到了更广泛的欢迎。

（二）课程设置

该学院课程设置为第一学年 950 学时（420 学时理论课，330 学时习题课，184 学时实验课，16 学时工厂参观及会议讲座）；第二学年为 900 学时（370 学时理论课，220 学时习题课，280 学时实验课，30 学时会议研讨及讲座）；第三学年为工厂实习（3～5 个月的实习），并完成实习答辩；毕业设计为完成一个工业项目设计并答辩，教学 775 学时（271 学时理论课，120 学时的习题课与实验课，24 学时的讲座与会议研讨，360 学时的毕业设计）。兰斯大学包装工程学院课程设置见表 5-7。

表 5-7 兰斯大学包装工程学院课程设置

学年	课程设置
第一学年	企业与包装导论、数学与统计、信息与计算机、物理、电子与电工学、物理化学、有机化学、微生物学、材料学、材料的稳定性、机械设计、英语、表征技术、包装设计
第二学年	腐蚀与防护、分析化学、材料加工；CAO/CFAO 与数值模拟、包装技术；机械与机械手；市场产品战略、逻辑软件导论、工业仪器、工业控制与统计；成本核算与控制、英语、粘接与黏合剂；油墨与涂料、材料科学；吸收与质量迁移、包装与毒理学、包装技术；标记与编码、印刷技术、自动化(时序和连续自动化)、工业控制与统计；功能包装设计、表征技术、包装设计概论
第三学年	生产管理、质量管理、价格分析、逻辑软件、毒物学、谈判技巧、立法与包装、预算管理与投资选择、人力资源结构与管理、成品包装与材料控制、产品货架寿命、市场学、工业设计、包装与环境、英语

第二节 国内本科高校包装学科建设举例

国内开设包装教育项目的高校人才培养体系有代表性的主要也分为两类，一类是以本科教育为主，具有硕士或硕士、博士教育，一类则是以职业教育为主。截至2015年，全国高等院校中开设本科"包装工程"专业的学校遍布全国23个省、市、自治区，如图5-1所示。

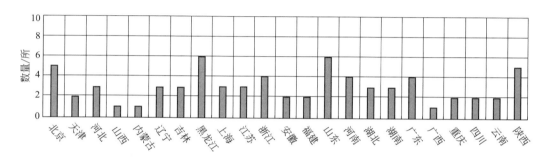

图 5-1 全国本科院校开设"包装工程"专业分布情况

在此，选择了三所开设本科"包装工程"专业的学校进行介绍，分别是中南地区的湖南工业大学、华东地区的江南大学和华北地区的天津科技大学。

一、湖南工业大学

湖南工业大学是一所具有50多年办学历史的综合性大学，是"服务国家特殊需求博士人才培养项目"高校。学校以包装教育为特色，是被国际包装研究机构协会（IAPRI）接纳的会员单位、中国包装联合会包装教育委员会的主任单位、中国包装联合会副会长单位和中国包装技术培训中心。

学校于2013年底获"服务国家特殊需求博士人才培养项目"招生权，2014年开始招收博士研究生。学校还承办了"2010北京国际包装博览会·中国包装教育展"等大型国际学术会议。目前，学校与美国密歇根州立大学、德国斯图加特应用科技大学、法国兰斯大学、韩国延世大学、中国香港城市大学、中国香港理工大学等国内外知名大学建立了广泛的科研合作和学术交流关系，并与东南大学、中南大学等十多所高校联合培养博士研究生。目前，学校正努力建设成为在国内同类院校中具有较大影响力和鲜明包装教育特色的高水平综合性大学。

（一）包装学科依托学院概况

该校的包装学科主要依托于包装与材料工程学院，是湖南工业大学最具特色和影响力的二级学院之一。该学院是国际包装组织 IAPRI 会员单位、中国包装联合会包装教育委员会、"绿色包装与安全"服务国家特殊需求博士人才培养项目、"印刷工程"国家级特色专业、"包装自动化"国家级教学团队、"包装容器结构设计与制造"国家精品课程、"东莞包装学院"国家级大学生校外实习基地以及中国包装总公司包装新材料与技术重点实验室、湖南省先进包装材料与技术重点实验室、高分子包装材料湖南省工程实验室、先进包装材料与技术湖南省2011年协同创新中心等包装教育和科研平台均以该学院为依托建设。该学院现拥有 10000 余平方米的教学科研场地和价值 5000 多万元的仪器设备，具备良好的教学和科研条件。

（二）学科发展历程

湖南工业大学包装与材料工程学院始建于 1985 年，为原株洲基础大学印刷包装科。1989 年学校第一个包装印刷本科专业、2003 年学校第一个材料科学硕士点、2014 年学校第一个包装学科博士点项目皆诞生于该学院，并于当年开始首届招生。该学院以包装教育为特色，拥有本科-硕士-博士-博士后的完整人才培养体系，现设有包装工程、印刷工程、高分子材料与工程三个本科专业。"材料科学与工程"学科历经 30 年的建设与发展，已拥有"绿色包装与安全"服务国家特殊需求博士人才培养项目（2013 年获批）和"材料科学与工程"一级学科硕士点（2010 年获批），涵盖 3 个二级学科硕士点（材料学、材料加工工程、材料物理与化学）、2 个专业学位硕士点（材料工程、冶金工程）以及 3 个自主增设的硕士点（包装工程、冶金材料工程、绿色包装与低碳管理），其中"材料学"2006 年获批为湖南省"十一五"重点学科，"材料科学与工程"2011 年获批为湖南省"十二五"重点学科。依托"绿色包装与安全"服务国家特殊需求博士人才培养项目，该学院从 2014 年开始培养博士生，2015 年开始培养博士后。现有在校本科生 1600 人、硕士生 53人、博士生 17 人、博士后 3 人。

（三）研究方向及教研成果

该学科具有省部级及以上教学、科研团队 6 个，见表 5-8，已形成了绿色包装材料设计与安全、高分子材料成型加工及功能化、微纳结构复合材料设计与应用、先进陶瓷材料制备及高性能化等 4 个稳定的研究方向（见表 5-9），在科学研究、人才培养和服务社会方面具有特色和优势。

表 5-8　省部级及以上教学、科研团队

序号	团队类别	团队名称	带头人姓名	资助时间	所属学科
1	湖南省高校科技创新团队	高分子包装材料与技术	刘跃军	2010 年	材料科学与工程
2	国家级教学团队	包装自动化	张昌凡 谢 勇	2010 年	控制科学与工程
3	服务国家特殊需求博士人才培养项目	绿色包装与安全	刘跃军	2013 年	材料科学与工程
4	国家级精品课程	包装容器结构设计与制造	刘跃军	2008 年	材料科学与工程
5	国家级特色专业	印刷工程	郝喜海	2007 年	材料科学与工程
6	国家资源共享课程	包装容器结构设计与制造	谢 勇	2016 年	材料科学与工程

表 5-9　学科方向与特色

学科方向名称	主要研究领域、特色与优势
绿色包装材料设计与安全	围绕包装安全问题,设计和制备绿色包装材料,通过配方优化或增强改性,在满足环境友好的前提下保证产品包装所需要的物理机械性能及其功能化要求。本方向已有的特色和优势主要包括:①水溶性包装膜及其产业化技术;②高阻隔包装材料的设计与应用;③超疏水包装材料及其自洁性;④抗菌材料及其在食品包装中的应用;⑤尼龙基高性能包装材料的设计与成型;⑥包装废弃物的回收再利用;⑦包装防伪技术等
高分子材料成型加工及功能化	研究不同加工条件下高分子及其复合材料的非线性流变行为,分析高分子材料的设计-加工-结构-性能之间的动态关系和内在机理,致力于开发绿色化、功能化、高性能高分子材料及其成型技术与装置。本方向已有的特色和优势主要包括:①生物降解塑料的加工流变机理及其增强增韧研究;②外场诱导下高分子材料的成型加工机理;③高分子复合材料的强韧化机制及其高性能化;④高分子功能包装材料的成型加工机理
微纳结构复合材料设计与应用	以微纳结构设计为基础,以能源材料研究为重点,研究微纳结构材料的设计、工艺和性能的相互关系,通过材料的构效关系,调控复合材料的组成、结构和形貌,实现复合材料性能最优化。本方向已有的特色和优势主要包括:①高分子导电聚合物储能化应用;②锂/钠离子电池及其复合电极材料;③微纳结构超级电容电极材料;④锂硫电池电极材料;⑤新型储能材料的开发和应用;⑥固体废弃物的综合改性及选择性储能
先进陶瓷材料制备及高性能化	探索陶瓷材料成分-微观结构-宏观性能的内在联系,基于加工流变分析,实现陶瓷材料近净成型,满足绿色化、功能化、高性能陶瓷产品制造要求。本方向已有的特色和优势主要包括:①Sialon 新型陶瓷刀具材料自增韧机理与微观结构设计;②Ti(C,N)基金属陶瓷的强韧化研究;③纳米陶瓷粉体制备技术;④材料微结构演变的计算模拟;⑤超细硬质合金微观组织的可控性研究;⑥注凝成型近净成型技术;⑦3D 打印艺术陶瓷技术

二、江南大学

江南大学是教育部直属、国家"211 工程"重点建设高校，学校以"彰显轻工特色，服务国计民生；创新培养模式，造就行业中坚"为办学理念。

（一）包装学科依托学院概况

该校的包装学科依托于机械工程学院，是我国最早开展食品机械、包装工程专业人才培养的单位，在国内轻工机械、包装等领域享有很高的行业知名度。目前该学院设有轻工机械与包装工程博士点（自设）、机械工程（一级学科）、包装工程硕士点，机械工程、工业工程、农业机械化专业硕士点，机械工程、机械电子工程、过程装备与控制工程、包装工程等 4 个本科专业，其中机械工程、包装工程专业进入教育部卓越工程师培养教学计划，包装工程为江苏省特色专业并与美国 RIT 开展"2+2"联合培养。

（二）学科发展历程

包装学科在我国最早发展于无锡轻工业学院（今江南大学），由机械工程学科食品机械专业的包装机械研究方向分化而来。表 5-10 呈列了江南大学包装工程学科的发展历程。

表 5-10　江南大学包装工程学科发展历程

时间	事件
1963 年	在原无锡轻工业学院机械系设置包装机械研究方向，开设包装机械课程
1971 年	筹建包装机械专业，同年招收首批工农兵学员
1975 年	开始招收包装机械专业方向本科生
1984 年	国内发起创办包装工程专业本科教育并具体负责专业培养方案起草
1985 年	作为国内首批高校开始招收培养包装工程专业本科生
1987 年	依托轻工机械硕士点开始培养包装技术与机械方向硕士研究生
1988 年	学科组撰写的国内第一部包装工程领域权威专著《包装机械原理与设计》出版
1989 年	国内首届包装工程专业本科生在江南大学毕业
1997 年	国家轻工业包装制品质量监督检测中心、全国轻工业包装标准化中心迁入江南大学，依托本学科管理运行
2003 年	在"轻工技术与工程"一级学科下设立"包装工程"专业博士点、硕士点获教育部批准
2003 年	列入"十五"国家"211 工程"建设项目
2004 年	加入国际包装研究机构协会组织，国际交流日趋活跃
2007 年	国内首批包装工程专业博士、硕士研究生在江南大学毕业

时间	事件
2008 年	列入"十一五"国家"211 工程"建设项目
2008 年	批准建立中国包装总公司"食品包装技术与安全"重点实验室
2009 年	包装工程江苏省特色专业项目立项建设
2012 年	包装工程江苏省特色专业建设通过验收并获评优秀
2015 年	"轻工类"("包装工程"为核心专业)列为江苏省高等学校本科重点专业
2016 年	获批"中国轻工业包装技术与安全"重点实验室

(三)学科平台及成果

该学院建有"国家轻工业包装制品质量监督检测中心""全国轻工业包装标准化中心""江苏省食品先进制造装备技术重点实验室""中国包装总公司食品包装技术与安全重点实验室""江苏省机械基础实验教学示范中心""江苏省机械工程实践教育中心""轻工业 CAD 推广中心无锡推广站"等平台;学院下设"食品加工技术与装备""包装技术与机械""现代设计与制造"以及"机电检测与控制"4 个研究中心,拥有 4 个省部级教学、科研团队(见表 5-11)。此外,该学院还与国内相关行业的多家龙头企业与研究机构建立了技术研究中心、产学研基地,与国外多所大学、研发机构建立了合作研究关系。研究方向主要为:包装机械、包装动力学与运输包装、包装材料与结构、食品包装技术与安全。该学院 1985 年在"轻工机械"硕士点下设置包装机械方向,开始硕士生培养;2003 年在"轻工技术与工程"一级博士学科下设置"包装工程"二级学科博士点,开始包装工程专业博士生、硕士生培养。由该学院近几年的博士毕业论文研究方向可见,其主要研究方向为食品包装领域(见表 5-12)。

表 5-11　省部级及以上教学、科研团队

序号	团队类别	团队名称	带头人姓名	资助时间	所属学科
1	国家级人才培养项目	教育部卓越工程师教育培养计划	卢立新	2013 年	包装工程
2	国家级精品课程	国家级精品视频公开课	卢立新	2013 年	食品包装安全
3	江苏省重点专业	包装工程建设点	卢立新	2014 年	包装工程
4	江苏省特色专业	包装工程建设点	卢立新	2012 年	包装工程

表 5-12　近几年的博士毕业论文

标题	学生	毕业单位	完成时间
多组分食品防潮包装货架期的研究	郝发义	江南大学	2016 年
潜热型控温包装系统传热模型与实验研究	潘嵺	江南大学	2016 年
壳聚糖在几种食品抗菌包装中的应用研究	郭鸣鸣	江南大学	2014 年
纸包装油墨中增塑剂的迁移研究	高松	江南大学	2014 年

三、天津科技大学

天津科技大学是天津市重点建设高校，是以工为主，工、理、文、农、医、经、管、法、艺等学科协调发展的多科性大学，突出"坚持拓展轻工特色，精心培育行业中坚，矢志服务国计民生"的办学特色，立足轻工，服务社会，立足天津、面向全国。

（一）包装学科依托学院概况

包装与印刷工程学院前身为成立于 1985 年 4 月的包装与美术工程系，经过 30 多年的建设与发展，该学院现有 5 个本科专业，为包装工程、印刷工程、数字出版、木材科学与工程、物流工程，拥有 1 个自主设置的二级学科博士和硕士学位授权点，为印刷与包装工程，拥有 2 个工程领域专业学位硕士学位授权点，为轻工技术与工程（印刷与包装方向）、物流工程。

（二）学科发展历程

天津科技大学包装工程专业是 1985 年在国内最早建立起来的一个综合型、交叉型学科专业之一。2008 年被批准为国家级特色专业，2011 年获批天津市品牌专业，2012 年列入教育部第二批卓越工程师教育培养计划，2013 年列入国家级专业综合改革试点。在武汉大学中国科学评价研究中心《中国大学及学科专业评价报告》专业竞争力排行榜中，该学校的包装工程专业连续八年位居全国第一；在 2015 年天津市大学最佳专业排行榜中，被评为五星级专业（中国一流专业）。2004 年，在轻工技术与工程一级学科下自主设置"包装工程"博士点和"印刷工程"硕士点，2014 年调整为"印刷与包装工程"博士点和硕士点。

（三）学科平台及成果

该学院建有国家级虚拟仿真实验教学中心和天津市实验教学示范中心等教学

平台、"中国轻工业联合会食品包装材料与技术重点实验室"科研平台，拥有《包装结构设计》和《包装材料学》2门国家精品课程和《包装材料学》国家级精品资源共享课；主编国家级"十一五""十二五"规划教材5部；包装工程教学团队被评为天津市优秀教学团队；王建清教授被评为市级教学名师；获第六届高等教育国家级教学成果二等奖、第七届高等教育天津市教学成果一等奖和二等奖、2016年中国包装总公司科学技术奖二等奖和三等奖；拥有包装材料研究、包装结构研究、包装工艺技术与设备研究、运输包装研究、印刷新材料研发5个学科研究方向（见表5-13），省部级及以上教学、科研团队见表5-14。

表5-13 学科方向与特色

学科方向名称	主要研究领域、特色与优势
包装材料研究	研究包装新材料,包括阻隔性包装材料、抗菌包装材料、抗静电包装材料、气相防锈包装材料、活性包装材料、智能包装材料等;研究包装材料安全性,包括包装材料中有害物质迁移;研究包装废弃物回收与利用
包装结构研究	研究产品包装设计,包括智能包装结构设计、绿色环保包装设计、电商产品包装设计;研究不同包装材料的设计,包括纸包装结构设计、纸包装三维软件设计、木托盘的结构设计、塑料包装容器设计、包装结构计算机辅助设计;研究材料的结构特性,包括瓦楞纸板结构性能研究、木托盘的结构性能研究、包装容器的特性研究等
包装工艺技术与设备研究	研究包装新技术、包装新工艺及工艺参数对包装性能方面的影响与评价及包装机械
运输包装研究	分析、评价、设计商品在运输过程中有效固定与集合方法,降低振动与冲击对产品的损伤,研究缓冲包装材料与缓冲包装结构在物资流通中的工程应用
印刷新材料研发	该研究方向涉及印刷领域新材料的研发,主要包括印刷纸张、各类新型油墨(如导电油墨)的研发

表5-14 省部级及以上教学、科研团队

序号	团队类别	团队名称	带头人姓名	资助时间	所属学科
1	国家级精品课程	《包装结构设计》课程	孙诚	2005年	包装工程
2	国家级精品课程	《包装材料学》课程	王建清	2007年	包装工程
3	国家级特色专业	包装工程建设点	王建清	2008年	包装工程
4	国家级人才培养项目	教育部卓越工程师教育培养计划	王建清	2012年	包装工程
5	国家级资源共享课	《包装材料学》课程	王建清	2014年	包装工程

第三节　国内职业院校包装教育发展现状

国内在职业教育领域开设包装类专业的学校有天津职业大学、深圳职业技术学院、中山火炬职业技术学院等，在此主要对职业教育的专业设置和课程设置作概括介绍。

一、专业设置及分布

2012～2015 年全国高职院校设置专业数量情况如表 5-15 所示，其中包装技术与设计专业发展平稳，始终保持在 50 家左右，而包装自动化技术专业则数量很少。截至 2015 年，全国高职院校开设"包装技术与设计"和"包装自动化"专业遍布全国 20 个省、市、自治区（见图 5-2），在青海、甘肃、宁夏、贵州、海南等包装欠发达省、市、自治区并未呈现在图中，由此可见包装行业及包装职业教育发展的不平衡。

表 5-15　2012～2015 年高职包装及相关专业开设学校数　单位：所

专业代码	专业名称	2015 年	2014 年	2013 年	2012 年
610401	包装技术与设计	52	59	49	57
580210	包装自动化技术	1	1	2	3

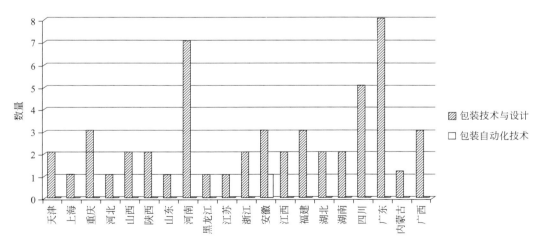

图 5-2　截至 2015 年全国高职院校开设"包装技术与设计"和"包装自动化技术"专业统计

2016 年高职院校包装专业对招生目录进行了调整，从目前高职院校包装专业备案的情况看（如图 5-3 所示），全国高职院校中 36 所院校开设"包装策划与设计"专业，而只有1所高职院校开设"包装设备应用技术"专业，对于新增设的"食品包装技术"专业，全国开设的高职院校数为0。出现上述情况的原因主要有3方面：专业名称对招生宣传的影响很大，目前考生及家长偏向于包装设计类专业；由于师资、设备和场地的原因，对于"包装设备应用技术"和"食品包装技术"专业的开设有很大难度；由于"包装设备应用技术"和"食品包装技术"为新增专业，缺乏对食品工业发展的了解，另外，我国包装装备行业发展相对较为落后。

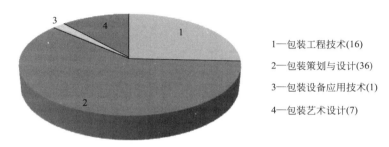

图 5-3　2016 年全国高职院校开设包装专业备案情况

2016 年包装专业目录调整，原包装自动化技术专业与机电一体化技术合并为机电一体化技术专业，原轻工产品包装装潢设计专业取消，包装技术与设计专业更名为包装工程技术和包装策划与设计专业，增加食品包装技术、包装设备应用技术和包装艺术设计三个专业。

2013～2015 年，全国高职院校中包装专业主要包含"包装技术与设计"和"包装自动化技术"两个专业，2016 年高职院校包装专业更改为"包装策划与设计""包装工程技术""食品包装技术""包装设备应用技术"以及相关专业"包装艺术设计"。

二、重点专业课程设置

通过近几年的培养和建设，各个院校虽然核心课程名称有所差别，但是基本形成以包装材料性能及选用、包装结构与模切版设计、包装工艺、运输包装、包装印刷和包装印后等核心课程，同时配合以包装装潢设计、计算机辅助设计等专业基础课程形式，构建原包装技术与设计专业的课程体系。新调整的包装工程技术专业基本沿用原包装技术与设计专业的课程体系，而包装策划与设计专业则增加包装策划设计、营销等方面的课程，另外由于塑料工业品包装所占比例的增加，在课程体系中增加包装容器与模具设计等相关课程。

第四节　经验与启示

　　高等教育承担着培养高级专门人才、发展科学技术文化、促进现代化建设的重大任务。在高等教育致力于建成一批国际知名、有特色、高水平高等学校的背景下，对大学学科建设和发展也将重新布局。同时，随着技术进步和社会发展的需求，学科专业结构的调整将与适应经济社会发展为核心。一些陈旧的学科逐渐消失、转化或被替代，还有一些学科经过跨学科发展成为新的学科。各学科在建设过程中有时很难找准自身特色化的发展方向及可能的突破口。通过对上述国内外高校包装学科建设的研究分析，了解其学科建设发展优势，结合包装工程专业教育现状，明确包装工程学科建设的发展方向，积极培养包装学这门新兴学科的新的增长点，实现学科可持续发展的战略思路，促进包装学科建设的发展。

一、国外高校包装工程学科建设经验

1. 学科建设的模式和路径分析

　　综观国外大学包装学科建设的模式，可以概括如下：包装学科建设是从无到有建设起来的，它不是内生形成的，而是在其他学科领域，因为社会需求的发展而衍生出来的研究问题，逐步产生了包装学科，培养出了学科带头人，进而发展起来的。国外包装学科建设模式如图5-4所示。

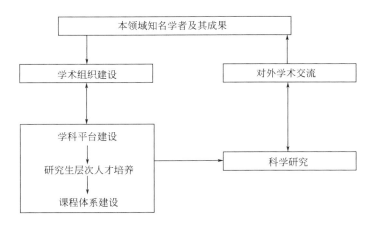

图 5-4　国外包装学科建设模式

　　从本学科领域知名的学者、专家中遴选出学科带头人，并为其提供优越的工作条件，利用学科带头人的研究基础与影响力，进一步吸引、汇聚、培养学科人才，建设一个分工明确的学科组织队伍，有序地开展工作。这个学科组织队伍由学科带头人、管理层、学术团队及研究生群体组成。如密歇根州立大学包装学院，该学院的院长就是包装学科的带头人，面向全国进行招聘。在院长带领下，有一个由副院长、秘书、实验室主管、外联协调专家、学术顾问组成的管理层，他们致力于解决学校与政府、企业之间以及研究者之间的协调问题。他们是一个协作的学术组织。从他们的研究范围来看，主要有物流环境产品或包装破损；包装体系和材料性质特征；包装产品质量维护和储存稳定性；包装材料和体系的机械性能；物流包装；医药包装；包装人力因素；环境对包装的影响；包装体系开发和优化循环利用；商务营销包装；自动识别等。博士培养课程设置极具个性化，博士生的研究非常重视个人的意愿与爱好，研究选题中既有来自学校的研究课题，也有来自于大企业赞助的课题，还有个人自选的课题。也正是有了研究生层次的人才培养，课程体系才能充分地建立并得以完善，学科才有了专业的基础，学科建设才有了持续的动力。学科建设需要积极开展学术研究，取得研究成果；积极对外进行学术交流，扩大影响，并进一步发掘和培养新的学科人才。

一般来说，建设一个学科，需要先有专业基础，如学生、课程、师资等一系列的条件作支撑，然后由下向上再一步步建设。而美国密歇根包装学科的建设路径基本上是相反的，它是由上至下、由外至内建设的。包装学科作为新兴的、应用性较强的学科，由上至下地建设，有利于它的学科建设和发展。

2. 学科建设突出应用性

在美国，还有一所大学的包装工程学科建设世界闻名，那就是罗切斯特理工大学。它的学科发展模式基本上和密歇根州立大学的包装学科建设是一致的。与密歇根州立大学这所综合性大学不同的是，罗切斯特理工大学是一所以宇航包装设计著名的大学，承担了部分美国宇航局的研究项目，如在月球上的保护性包装——研究泡沫缓冲材料的防护能力，为"太空旅游"而设计了第一个包装类产品，允许包装用户在运输和处理期间，通过全球定位系统（GPS）记录实时数据，如冲击、振动、温度/湿度、压力和光线等。无论是密歇根州立大学还是罗切斯特理工大学，十分重视与包装企业的全面合作，教育过程中注重科学理论与工程技术紧密结合的理念，并且强调高校工程教育与包装产业界的相互沟通，都非常注重产学研项目的开发，如罗切斯特理工大学与波音、英特尔、洛克希德·马丁、思科、雷神、迪士尼世界/迪士尼乐园、哈拉酒店、美高梅大酒店、华尔道夫酒店、海因茨、卡夫食品公司和雀巢公司等国际知名企业都有一定的联系。

特别是 MSU-SoP 还成立了由 40 多家企业及部门派出的专家代表组建的企业咨询委员会（IAC）。并每隔 2 年举行一次研讨会，专门讨论包装教育导向和包装研究方向等与包装企业之间密切相关的问题，共同筹划合作发展的空间和确定研发目标。为此学院的教学改革、科研开展、毕业生就业都得到了包装企业界的大力支持和资助。这种以企业发展推动专业教育的模式也非常值得我们借鉴。

包装学科因其应用性学科特色，更应该深化产、学、研合作，进一步完善包装学科院校与包装企业合作育人机制，创新技术人才培养模式，坚持面向包装技术、面向包装应用、面向包装市场的人才培养方针。这种思路有利于促进包装行业、包装企业参与包装教育人才培养全过程，实现包装专业设置与包装产业需求对接，包装工程专业课程设置、内容与包装行业岗位标准对接，在校专业教学过程与生产实习过程对接，毕业证书与职业资格证书对接，提高人才培养质量和针对性。

3. 有效整合可以利用的学科资源

有效整合校内的资源是包装学科建设发展的必然。例如密歇根州立大学的包装学科首先是在该校农学院的林木系内开设了包装本科专业。目前虽然有了独立的建制，其行政管理仍归属农学院，并跨学科与化学学院、商学院均有课程交叉和研究互动，而商学院的供应链管理位列全美第一，国际金融、市场营销等专业排名前20。在研究生培养方面和农学院和化学院都有广泛的合作，有效整合学校学科资源，以科学技术为平台进行科研与人才培养。在学科建设过程中，将学校的相关资源融入了该学科的建设之中，如注重校内学术梯队的培养、鼓励学生跨专业选课等；利用了学校的外部资源，如罗切斯特理工大学的成功就是有效地利用了美国航天局这个平台。克莱姆森大学包装学院的学科建设则以食品包装研究为优势和特色。

二、国内高校发展状况比较

1. 学科发展概况

从前面的论述可以看出，我国高校包装学的学科建设起步于 20 世纪 70 年代，和欧洲等国家相比起步时间差不多，而与美国相比落后 20 年。在我国目前发展势头较好，并取得了一定成绩的是天津科技大学、江南大学和湖南工业大学。三所院校既有相同之处，又在学科起点、学科环境、发展过程与特色方面存在着差异，其包装工程专业发展状况比较见表 5-16。

包装学科概论

表 5-16　国内三所高校包装工程专业发展状况比较

学校	学科创办时间	校内依托机构	校外进驻机构	人才培养层次	特色与方向
天津科技大学	1984 年	包装与印刷工程学院		本科为主，本硕博体系完整	包装材料、包装结构、包装工艺技术与设备、运输包装
江南大学	1985 年	机械工程学院		本科为主，本硕博体系完整	包装机械；包装动力学与运输包装；包装材料与结构；食品包装技术与安全
湖南工业大学	1987 年	包装与材料工程学院	中国包装教育委员会，中国包装技术培训中心	本科为主，包装教育体系最完善、包装专业设置最齐全	硕士研究方向：包装新材料与技术；包装安全与环境；绿色包装与低碳管理；包装安全与环境；包装设计理论与应用研究；包装艺术设计；包装机械现代装备设计与控制；功能包装与印刷材料；绿色包装与安全；产品包装设计与制造；包装经济管理；包装与物流管理；绿色包装与减碳技术。 博士研究方向：功能性环保包装材料与技术；现代包装设计理论及应用；包装减碳技术与环境

由表 5-16 可以看出，我国开设包装学科专业的这三所高校，从时间上来说基本上是同时开办的包装专业。这三所学校类型各不相同，江南大学是一所 100 年以上历史的老牌大学，以"彰显轻工特色，服务国计民生；创新培养模式，造就行业中坚"为办学理念，以"建设特色鲜明的研究型大学"为战略目标；天津科技大学则有 50 余年的办学历程，是以工为主，工、理、文、农、医、经、管、法、艺等学科协调发展的多科性大学，突出"坚持拓展轻工特色，精心培育行业中坚，矢志服务国计民生"的办学特色；湖南工业大学是具有 50 多年办学历史的综合性大学，以包装教育为特色，坚持立足湖南、面向全国，主动服务湖南新型工业化和中国包装现代化的办学导向。从三所高校发展包装学科的起点来看，江南大学和天津科技大学是立足于本校的轻工优势学科，充分发挥了本校的优势，在轻工行业和领域取得了令人瞩目的成绩，而湖南工业大学则以包装教育为特色，并利用包装学科的发展带动了学校学科建设的整体发展。

2. 包装学科的依托

从校内的依托机构来说，天津科技大学和湖南工业大学有自己学科依托的学院以及相关的研究所、重点实验室等，可以独立地开展人才培养、科学研究及组织建设等一系列的学科建设。江南大学则在机械学院下面分设了一个包装工程系进行人才培养。从校外进驻机构来看，中国包装教育委员会、中国包装技术培训中心作为湖南工业大学包装学科建设的强有力支持条件，两者相互补充，相得益彰。

3. 人才培养的优势

从人才培养来说，三所高校均有本、硕、博完整的培养体系，如江南大学有二级学科博士学位授权点1个——轻工机械与包装工程（学科代码为0822Z2）；自主设置二级学科学术硕士学位授权点1个——包装工程（学科代码为0802Z1）；包装工程含"包装工艺与机械""食品包装技术与安全""运输包装""包装材料与制品"4个方向。天津科技大学在轻工技术与工程一级学科下增设包装工程博士学位；1个自主设置的二级学科博士和硕士学位授权点——印刷与包装工程，2个工程领域专业学位硕士学位授权点——轻工技术与工程（印刷与包装方向）；有包装材料、包装结构、包装工艺技术与设备、运输包装4个研究方向。湖南工业大学有1个"服务国家特殊需求博士人才培养项目"；建有"绿色包装与生物纳米技术应用""先进包装材料与技术"等省部级重点实验室；设有"产品包装创新工业设计中心""包装设计艺术与技术研究基地"等省部级研究基地，是包装教育体系最完善、包装专业设置最齐全的高校。

从包装学科本科生培养人数上来说，湖南工业大学招生人数多、稳定、生源好、就业率高，与它是一所以包装学科为特色的院校有关。从国际的视野来看，包装工程专业的研究生培养较受青睐。为什么国外一些具有代表意义的高校，该专业不培养本科生？一是这些学校长期以来本科生人才培养注重的是通识教育，而认为研究生层次才是专业教育；二是由于包装工程专业的高应用性特点。包装本科生的就业问题目前从我国的高等教育大局势来看，毕业生双向选择，包装专业的本科生就业普遍较好。

4. 科学研究方向

从特色与研究方向来看，三所学校都有明确的研究方向。其中湖南工业大学的绿色包装与安全项目的研究代表了国家的水平。特色鲜明的研究方向既是学科实力的体现，也是学科持续发展的动力所在。天津科技大学和江南大学将包装专业与本校的机械、材料、食品等专业相结合，研究水平与能力都得到了发展。这对国内其他高校来说是个启示，尤其是高水平的研究型大学，完全可以依靠本校强大的工科优势，将其与包装专业嫁接起来，形成各自富有特色的包装工程专业。一旦高校普遍意识到包装工程学科的重要性，相信我国包装工程的春天将会很快到来。以上是对我国目前建设包装工程学科的几所高校进行的简要比较与分析，其实包装学科研究在我国的开展远不止于此。国家非常重视包装工程的研究，武汉大学、西安理工大学等目前也进行了相关研究。与国际包装工程发展状况及水平相比，我国目前起步较晚、水平有差距是事实，但随着国家对于包装事业的重视以及全民对于包装质量与水平要求的不断提高，我国包装工程学科的建设与研究一定会得到更好发展。

三、我国包装学科发展的局限与优势

1. 包装学科建设的局限

从当前我国高等教育发展情况来看，包装学科在我国高校的学科建设中存在着严重的发展不平衡，并且与先进的国际包装学科发展存在一定的差距。就目前情况看，我国高校的包装工程在学科建设和发展方面均不具有国际竞争优势。当前国家与高校重视学科建设，学科建设经费充足，但是学科经费来源单一。高校围绕学科建设，一方面鼓励教师的科研工作，另一方面积极进行基层学术组织建设，撤系设院，成立各类研究所。但是学科建设经费来源相对单一，过于依赖政府的投入。反观世界一流大学的学科建设，更多的经费来自于民间，而目前我国高校经费渠道不畅，学科建设与社会经济发展相互脱节。科学研究成果可用性、转化能力差，很难得到来自于社会的更多资助。包装学科如果能够帮助包装产业或行业做到一流水平，这样，包装学科的建设相应也能得到更多的重视。

1997年6月在调整培养研究生的学科、专业目录时，将"包装工程"列为轻工类目录外专业。1998年初，国务院学位办公室按照"扩大一级学科授权范围，压缩二级学科数目"的方针进行"学科目录"调整，将原有的700多个二级学科缩减到近400个，"包装工程学科"并入"食品科学与工程"一级学科中，包装学科的发展受到一定影响。

2. 包装工程专业的优势

在经济全球化的今天，国际市场上已经出现了越来越多的中国产品，这势必会涉及产品的包装问题，包装又包括销售包装和运输包装两个大类，我国产品的销售包装已达到了国际水平，无论是包装的装潢、造型、结构设计，还是包装容器的印刷质量，都给人一种全新的感受。现代运输包装不仅要保证产品在运输、储存、装卸过程中不发生损伤，而且要具有传递信息、方便、美观大方等特点，这些都对包装设计和印刷质量提出了更高的要求。面对现代包装工艺和运输包装高速自动化的要求，托盘集合包装在包装设计和工艺中得到了广泛应用。经济的发展必定会带动包装工业的快速发展。任何产品都离不开包装，包装与人们的生活密切相关，人们生活水平的提高肯定也会对包装提出更高的要求，这对包装的发展起着重要的推动作用。另外，包装本身也属于产品生产的一部分，包装的好坏不仅直接影响着商品的质量，而且还影响着商品的价格，因为包装可以有效提高商品的附加值。随着我国包装工业的快速发展，包装专业人才的市场需求更加旺盛。包装的普适性决定了包装工程专业毕业生的就业面较宽，除了传统的机电产品、食品、药品、烟酒等行业需要包装专业人才外，广告、出版等媒体产业也需要包装人才，这也会促进包装学科的发展。

第六章　包装学科体系架构

第一节　包装学科的组成要素

一、人才队伍

发展学科最本质的目的是提高学术研究和人才培养的水平，从而更好地为国民经济建设和社会发展做出贡献。为了更好地实现学术研究和人才培养的目标，需要建立系列的保障制度、搭建学术研究和人才培养的系列平台。因此，学科建设是一个综合性的系统建设，它包含了制度建设、人才队伍建设、基地与平台建设、人才培养、学术研究等多面的内容。其中，人才队伍建设是学科建设最重要的内容，因为人才是推动学科发展的主体，是引领学科发展的根本要素，尤其是学术大师、学科领军人才在学科建设中具有举足轻重的作用。纵观世界公认的一流学科，如哈佛大学的经济学科、剑桥大学的物理学科、牛津大学的数学学科等，这些一流学科都是汇聚了世界各国的优秀学科人才，这些优秀学科人才培养和造就了一大批学术大师和卓越的工程师，产生了一系列重大学术成果和发明创造，对经济社会的发展和人类文明的进步产生了重大的推动作用。因此，一个学科只有拥有一批学术水平高、协调组织能力强的学科和学术带头人以及一大批知识结构、职称结构、年龄结构比较合理的学术梯队，才能够形成具有特色的研究方向，承担重大的科研课题，培养出合格的高层次人才，为国家的经济建设和社会发展做出重要的贡献。所以，一个学科的发展离不开一大批从事该学科建设的专业技术人才。

我国包装学科经过 30 多年的发展，从无到有，已经汇聚了一大批学科人才和团队，其中，获得国务院特殊津贴的专家超过 20 人，具有高级职称的科研和技术人才超过 1000 人，具有博士学位的专业人才超过 300 人，省级和国家级学术与科研团队超过 20 个，具有本科学历以上的从事包装学科研究、技术开发、教育教学的相关专业人才超过 10000 人，基本形成了年龄、知识、职称结构合理的学科人才梯队。

在过去的 30 多年里，我国包装学科领军人才和梯队的汇聚与建设极大促进了包装学科的发展，为我国包装行业与产业的快速发展做出了巨大的贡献，对我国跻身世界第二大包装大国起到了显著的推动作用，在未来 5～10 年，甚至更长的时间里，我国包装产业面临转型升级的巨大发展压力，需要更多包装专业人才的共同努力才能实现转型发展的目标，这就需要从顶层加强设计与统筹，进一步加大培养高层次包装学科和专业人才的力度，打造一批在国际上具有较大影响力的包装学科领军人才，建设一大批包装学科与专业团队。

然而，由于目前包装学科一直没有被列入到国家一级学科，导致包装学科高层次人才培养的通道受阻，现有包装学科人才的发展空间受限，这种状况不利于优秀学科人才的汇聚，不利于学科的良性发展。基于包装产业对国民经济的重要支撑作用以及我国包装产业的巨大发展潜力，迫切需要建设一流的包装学科作为支撑，这就使得增列包装学科为一级学科的任务更显紧迫性。

如前所述，一个学科的建立、建设与发展需要具备高水平的学科领军人才和学科（学术）研究团队，因此，包装学科人才是包装学科建设与发展的重要组成要素。目前我国包装学科人才队伍现状虽然与其他一流学科的人才队伍相比还有一定的差距，但已经具备了建设一级学科的基础和能力。如能在近期将包装学科增列为国家一级学科，包装学科人才队伍的作用将会得到更好的彰显，包装学科人才队伍的发展将会更加迅速，对包装产业和国民经济的推动作用将会更加显著。

二、高等教育

高等教育是培养学科和专业人才的重要途径，是学科建设的重要内容，也是推动学科发展的有力保障。我国的高等教育一般分为三个层次，分别是研究生教育、本科教育、专科教育，其中，研究生教育和本科教育在学科发展中具有非常重要的作用。

就本科教育而言，中华人民共和国国家教育委员会于 1985 年首次批准无锡轻工业学院（今江南大学）、吉林大学、上海大学、西北轻工业学院、陕西机械学院等院校设置"包装工程"高等教育本科专业（试办），从此结束了中国没有包装工程高等教育专业的历史。随后不久又有天津轻工业学院、株洲工学院、渝州大学、湖北工学院（今湖北工业大学）、福州大学、北京印刷学院、江西工业大学、四川工业学院（今西华大学）、广东工业大学、黑龙江商学院等学校建立了包装工程专业。最近几年又有大连轻工业学院、洛阳工学院、郑州大学、武汉测绘大学、吉林工业大学、云南工业大学等学校设立了包装工程专业。1992年，"包装工程"正式成为我国的高等教育专业。1999年，包装工程专业进入我国调整后的本科专业目录（专业编号081403，一级学科轻工技术、食品）。据不完全统计，目前全国已有25所左右的学校设有包装工程本科专业。在国家开发中西部和扩大高校招生规模的背景下，最近还有若干所学校想建立包装工程相关专业。

在我国，包装工程本科教育已有了相当规模，每年有相当数量的本科毕业生充实到国民经济各部门中，对提高中国的产品包装技术水平起到了极其重要的作用。其中西安理工大学（曾获准包装工程硕士点）、西北轻工业学院（曾获准包装工程硕士点）、浙江大学、江南大学（原无锡轻工业学院）、上海大学、天津轻工业学院等学校，若干年前就已经采取挂靠校内其他研究生专业的方式招收与培养了包装工程研究方向硕士研究生，但由于1997国家研究生新目录中又无单独设立的包装工程研究生专业，结果在考生生源、人数、考试科目、培养计划等方面受到了许多限制。就本专业教育发展提高而言，由于没有本专业高学位人才的补充，也难以提高包装工程专业教师队伍的整体层次。长期下去，难以建立自己的学科优势。因此，在包装高等教育体系中，加强包装相关本科、研究生的教育，对于发展包装教育具有重要的作用。

1. 研究生教育是学科建设与发展的重要支撑

（1）研究生教育对科研水平提高有很大的促进作用　在我国研究生教育与培养过程中，研究生通常都要在导师的指导下独立完成具有明显创新性的科研课题，并发表一定数量的论文（或申请一定数量的专利）才能达到毕业条件，博士研究生的要求则更高。由于大部分研究生具有年轻、思维活跃、创新能力强、基础理论较扎实、专业知识系统等特点，他们在我国的科学研究中已经成为一支重要的生力军，在前沿科学问题的探索、新技术的发明、新工艺的研究中发挥了极大的作用。据统计，我国每年发表的高水平科研论文中，近1/3的科研论文是以研究生为主要成员完成的，在我国每年立项的科研项目中，20％以上的项目是以研究生为主要成员，我国的研究生在很多基础前沿科学、关键技术攻关中都承担了重要的工作，且完成得非常出色。

（2）研究生教育是培养学科人才的重要途径　研究生教育注重培养学生发现问

题、分析问题、创造性解决问题的能力，尤其注重对前沿科学问题的研究和把握。大多数研究生（尤其是博士研究生）毕业后基本都具备了独立承担科研课题、开辟科研新方向的基础和能力，很多研究生毕业后经过 3～5 年的科研工作就成长为本学科领域的科研骨干，有些甚至迅速成长为本学科领域的科研领军人才或学科（学术）带头人。目前我国各个学科 90％以上的学科（学术）带头人或领军人才都是得益于研究生阶段受到了良好的教育与培养才成长起来的。另外，研究生导师在培养研究生的过程中，要与研究生一起分析新问题、讨论新方法、研究新工艺，这对于研究生导师也是一个学术水平不断提高的过程，由于研究生导师基本都是本学科的科研骨干，所以，研究生导师学术水平的提高也就意味着学科水平的整体提升，因此，研究生教育是培养学科人才，尤其是高层次学科人才的重要途径。

（3）研究教育能促进科研条件与环境的改善　研究生教育是我国学历教育中最高层次的教育，国务院学位委员会明确规定：新增博（硕）士学位授权单位应具有支撑博（硕）士研究生培养所必需的实验室（其中新增博士授权学位应具有省部级及以上实验室）、基地、智库等科研平台；拥有充足的教学科研仪器设备、图书文献资料；国内外学术交流与合作活跃，有实质性研究成果。要培养高质量的研究生，尤其是理工科研究生，必须要有良好的科研仪器设备和条件。随着世界科技发展日新月异的变化，科研条件和仪器还需要不断更新，才能实现研究生培养的目标，因此，研究生教育能促进科研条件与环境的改善，从而促进学科建设的发展。

2. 本科教育是学科建设与发展的基石

本科阶段的教育是我国现代高等教育的重要基础阶段，是大学教育的主体组成部分，是培养高层次学科人才的必经阶段。纵观国内外一流大学，无论是综合实力突出的大学还是学科特色突出的学院，无论是国际上有影响力的公立大学，还是世界知名的私立大学，无论是研究型大学，还是教学型大学，都把本科教育放在学校发展的重要战略地位。国内外教育实践证明，本科生参与科学研究，不仅是培养创新型人才的重要途径，也为促进学科发展和提高科学研究水平提供了生力军，在国内外高水平大学中，本科生参加科学研究和技术研发取得创新成果的案例非常多。因此，本科教育质量是一所大学人才培养水平和办学特色的重要标志性特征，深化本科教学改革，可以为一流学科建设营造良好的学术生态环境。由此可见，本科教育与学科建设相辅相成，是学科建设与发展的重要基石。

3. 学科建设是推动高等教育发展的重要力量

2015 年 11 月 5 日，国务院印发了《统筹推进世界一流大学和一流学科建设总体方案》（以下简称《方案》）。《方案》提出，国家将鼓励和支持不同类型的高水平大学和学科差别化发展，总体规划，分级支持，每五年为一个周期，2016 年开始新一轮建设。根据《方案》，到 2020 年，我国若干所大学和一批学科进入世界一流行列，若干学科进入世界一流学科前列；到 2030 年，更多的大学和学科进入世界一流行列，若干所大学进入世界一流大学前列，一批学科进入世界一流学科前列，高等教育整体实力显著提升；到 21 世纪中叶，一流大学和一流学科的数量和实力进入世界前列，基本建成高等教育强国。

在《方案》的指引下，无论是教育行政主管部门，还是各个大学，都纷纷发力，对于综合实力强的高校不仅瞄准一流学科的建设，同时也聚焦一流大学的建设；而对于综合实力较弱，但学科特色明显的高校，则重点关注一流学科建设，通过一流学科的建设，学科发展资源会得到较大的整合与汇聚，学术研究能力会得到显著的增强，学科师资队伍水平会得到较大的提高，科学研究平台、场地、设备会得到较好的改善，这对高等教育的培养环境改善与人才培养质量提高将会起到重要的作用，因此，学科建设是推动高等教育发展的重要力量。

4. 我国包装教育的现状

包装教育是培养包装学科和专业人才的重要途径，从当前世界各国的包装教育现状看，世界各包装强国已经建立了一个完整的包装教育体系，拥有职业教育、高等教育和继续教育等各个环节。美国是世界上第一个开设包装专业的国家，包装教育体系最为完善，涵盖了职业教育、专科、本科、硕士、博士等所有教育环节。1952 年密歇根州立大学农学院首先成立包装工程专业，随后，克莱姆森大学、罗切斯特理工学院等高校也分别在材料系、机械系或食品系设立了包装工程专业。到目前为止，密歇根州立大学包装学院已经成为培养美国高级包装专业技术人才的摇篮，也是世界包装高等教育的一面旗帜，为包装人才的培养、包装技术的发展做出了重要的贡献。改革开放以来，我国越来越重视包装教育，自 20 世纪 80 年代以来，我国包装高等教育、包装职业教育的规模越来越大，受益人数越来越多，现在全国已有 70 余家高等院校开设了包装专业，其中，湖南工业大学、江南大学、武汉大学、西安理工大学、天津科技大学、暨南大学等高校开设了包装工程、包装设计等本科专业，江南大学、武汉大学、西安理工大学等高校在机械工程等一级学科下设立了包装硕士、博士招生方向，湖南工业大学服务国家特殊需求项目"绿色包装与安全"，进一步推动了我国包装博士培养的进程，中山火炬职业技术学院等 30 余家职业技术学院也开始了包装专业的职业教育。到目前为止，我国的包装专业教育涵盖了职业教育、专科、本科、硕士、博士等环节，已经初步形成了较为完整的人才培养体系，对于支撑我国包装学科发展、培养包装产业技术人才、服务包装行业发展需求起到了重要的作用。

由于包装行业的激烈竞争，高层次的包装类专业人才供不应求，特别是社会对包装设计人才的需求量超过总培养量。目前，我国包装教育和科研已形成相当大的规模，全国有 70 多所高等学校开办了包装工程本科专业，全国包装科学研究机构有 50 多家。在 1992 年和 1997 年的 2 次专业目录调整中，"包装工程"被正式列入国家高等教育本科专业目录。与此同时，国务院学位委员会批准了几所高校设置包装工程的硕士点、博士点，初步形成了包装工程专业比较完整的高等教育培养体系。国务院学位委员会根据包装业高层次人才的实际需求，于 1996 年 4 月 29 日第十四次会议上，将包装工程专业列入研究生培养目录（试办）。包装学科在发展过程中，通过不断研究、完善、丰富，已形成了较为完整的学科体系。

然而，我国当前关于包装的学科建设、教学资源、科研成果、人才培养层次等方面与世界包装强国相比，仍然有较大差距。具体表现在：①到目前为止，包装学科还没有进入国家一级学科目录，包装学科方面的高层次人才培养基本都是挂靠在其他学科下面，致使包装学科建设严重滞后；②包装高层次人才培养的规模很小，与包装产业的人才需求不匹配，导致我国目前包装产业高层次人才的缺口需求非常大。

要实现我国包装产业的转型升级、建设包装强国，就必须加强包装学科建设，强化包装人才培养，提升包装科学研究水平。

三、科学研究

1. 科学研究在学科建设中的地位和作用

学科建设的主要任务是科学研究与人才培养，关键在于提高学术水平。因此，科学研究是学科建设的核心。在历届的学科评估中，科学研究的权重占比都很大，一个学科能否成为重点学科或一流学科，重点是看该学科从事科学研究的人员状况以及该学科的代表性科研成果是否达到国际或国内领先水平，而实现这些目标的基础性措施即是科学研究。对于任何一个学科，如果不深入地开展科学研究，这个学科将很难发展。因此，科学研究是促进学科建设的内在动力，这种内在动力体现在以下几个方面：①科学研究有利于提高学科师资队伍的学术水平。一方面，教师通过科学研究，可以不断更新知识，把握最前沿的知识，从而提高自身的水平；另一方面，通过科学研究可以吸引优秀的甚至是一流的教师，这些教师反过来进一步支撑科研。②科学研究有利于促进学科的产生和发展。美国的很多大学都拥有几个或多个世界一流的学科，如哈佛大学的心理学、电子工程；麻省理工学院的航空学、

天文学等，这些大学之所以能办成世界一流的学科，主要是通过大量的科学研究，不断开拓新的研究领域，提出新的理论和思想。世界各国大学的杰出学者，特别是诺贝尔奖获得者，都是由于他们卓越的科学研究，特别是在基础理论研究方面的杰出贡献，从而成为学科建设的源泉。

2. 我国包装科学研究现状

近年来，随着我国包装产业和包装学科的快速发展，包装科学研究投入逐渐加大，包装领域相关科研成果越来越丰硕。据不完全统计，2015～2017 年，全国各级政府部门和企业自筹投入包装产业及相关领域的研发资金年均超过 2 亿元人民币，年均立项超过 1000 项，年均申报相关专利超过 3000 件，年均发表科研论文超过 2000 篇。很多科研成果还获得了科技进步奖，例如，由湖南千山制药机械股份有限公司、湖南大学、湖南工业大学等单位联合完成的"高速灌装生产线智能检测分拣成套装备研制及其推广应用"项目获得 2006 年国家科技进步二等奖；湖南工业大学张昌凡教授参与完成的"智能图像信息处理方法及其在工业系统中的应用"获得 2004 年国家科技进步二等奖；四川科伦药业股份有限公司自主研发的新型输液包装——直立式聚丙烯输液袋（可立袋）获得国家科技进步二等奖。除此之外，每年都有不少包装科研项目和成果获得国家或省部级科技奖励。通过开展包装科学研究，取得了显著的经济效益和社会效益，为我国包装产业从无到有并迈入世界第二大包装大国做出了积极的贡献。

随着我国经济的稳步发展，包装科学研究的发展也在与时俱进，主要包括：包装设计研究、包装装备研究、包装材料研究、包装工艺与技术研究、运输包装与物流研究、包装废弃物循环再利用研究、包装标准与法律法规研究、包装经济与管理研究等方面。

包装设计的研究长期以来一直是围绕着"保护商品"与"促进销售"两大基本功能展开。由此，包装的材料研究以及美学研究大都是基于销售这一目的展开的，但是随着销售以及消费者需求观念的改变，包装的表现形式以及包装的外观设计手法也在逐步发生巨大的转变。近几年我国数字化技术的快速发展，改变了传统的消费形式，同时也改变了传统的销售形式，进而对包装设计也产生了巨大的影响。中国未来包装设计的可持续发展趋势：一是适合于环境保护的绿色包装设计，二是适合于突出商品个性化的包装设计，三是适合于电子商务销售的现代商品的包装设计，四是安全防伪的包装设计。数字化营销因素、品牌文化因素、民间美术情况因素、包装智能化因素以及现代包装设计的系列化因素，在包装设计中逐步得到重视，对于包装科学研究有着积极的推动作用。

在包装设备研究中，包装设备的特征趋于"三高"：高速、高效、高质量。重点趋于节能降耗、质量和性能可靠、自动控制水平先进、稳定性好、自重轻、结构紧凑、占地空间小、噪声低、效率高、外观造型适应环境与操作人员心理要求以及有利于环保等。

　　包装材料的研究中新型的包装材料亟需开发，有的已初见成效，主要有下面几大类：一是以 EPS 快餐盒为代表的塑料包装将被新型的纸质类包装所取代，EPS 类包装制品急需研制替代的还有 EPS 工业包装衬垫；二是塑料袋类包装材料正朝水溶性无污染方向发展；三是木包装正在寻求替代包装材料；四是其他新型的辅助包装材料也急待研究，如黏合剂、表现处理剂、油墨等。与此同时，随着绿色经济的发展，绿色包装可以赢得更大的发展空间，所以要细化包装材料的标准，加强绿色制造技术的创新。可以说，绿色包装是包装行业发展的必然选择，尤其是几种绿色包装材料的发展，将会成为未来发展的主导，主要有以下几个方面的研究：轻薄与高性能的包装材料研究、天然与可循环的包装材料研究、可降解包装材料研究、纸质包装材料研究。

　　现代包装技术、包装工艺研究在包装科研中也有着重要的研究意义，其主要指包装制作过程中的制造工艺，例如包装的成型工艺、包装的修饰工艺（整饰工艺）等都经历了一个个改进完善的过程。包装的成型包括了金属包装的成型、塑料包装的成型、纸品包装的成型以及其他复合材料包装的成型。塑料包装用的挤压、热压、冲压等成型方式，已逐渐用到了纸板包装的成型上，过去纸板类纸盒包装压凸（凹）成型较为困难，现在已基本解决。包装干燥工艺，也由过去的普通热烘转向紫外光固化，使其干燥成型更为节能、快速和可靠。包装的印刷工艺也更为多样化，特别是高档商品的包装印刷已采用了丝印和凹印。还有防伪包装制作工艺，已由局部印刷或制作转向整体式大面积印刷与制作防伪。现代包装技术包装材料是整个包装行业中最为活跃的研究方向。

　　运输包装与物流研究中，包装按其在商品流通过程中的作用分为销售包装、运输包装和集合包装等三大类。运输包装是以运输、储存为主要目的的包装（GB/T 4122.1—2008），它具有保障产品安全，方便储运、装卸，加速交接、点验等作用。其中，运输物流包装作为生产的终点、物流的始点，它是物流过程中的重要组成部分，与整个物流过程的每个环节密切相关，它以优化运输、储存等物流环节为主要目的，具有保障货物在物流过程中的安全、提高物流过程的操作效率、传递信息、便于回收、兼顾销售等功能。随着物联网技术的快速发展，各类电子传感技术在产品包装箱设计中的推广应用，人们对产品运输包装设计寄予了更高的期望，尤其对

于一些需要重点保护和防护的产品。近年来现代物流智能化发展迅速，加上物联网技术的成熟与广泛应用，对运输包装系统提出了更高的要求，以此适应智能化的物流环境。

包装废弃物循环再利用研究中，包装废弃物是一种污染源，但同时也是一种可利用的资源。由于社会进步以及人们环保意识的增强，废弃包装物已逐渐被回收，通过分拣、加工、分解，重新进入生产和消费领域，但其实施的现状却并不容乐观，其中很多环节存在的问题制约了整个行业的发展。其中，包装废弃物回收成分多为纸制品、塑料、玻璃、金属、木材等。包装废弃物的回收可分为两类，为资源回收与能源回收，其回收利用方式有5种：循环复用、回收再生、生物降解、焚烧-能源回收、填埋。包装废弃物回收物流存在的问题：回收率低、回收渠道不规范、分类工作滞后、物流处理技术落后、缺乏回收物流的理念。包装废弃物回收物流管理建议：一是加强包装废弃物的立法建设，二是建立包装废弃物资源回收链，三是引入现代物流理念，四是增强全民的回收意识。

包装标准与法规模块主要分为以下几部分：

一是包装基础标准，主要包括国际标准基础知识；国家标准基础知识；包装术语、包装尺寸、包装标志、包装管理标准。

二是包装材料标准，包括包装材料的标准和试验方法。

三是包装技术标准，包括防潮包装、防霉包装、防锈包装等标准。

四是具体包装标准，主要包括运输包装标准、食品接触材料标准与法规、木质包装材料标准、危险品运输包装标准、医疗器械包装标准、食品包装标签标准、环保包装法规、ISO 14000 认证和生命周期分析法等。目前我国关于包装标准与法律法规的研究重点主要在运输包装标准与法规研究、绿色包装标准研究、食品包装材料法规及标准研究等方面。

在包装经济与管理研究方面，包装经济是社会生产力发展到一定阶段的产物，是商品生产发展的结果，是国民经济的重要组成部分。可从分析包装经济的形成入手，阐述包装经济的概念，分析包装经济的性质。目前学术界对于包装经济学的定义还没有形成统一的意见。王润球和刘善球提到包装经济学研究的内容，主要涉及以下几个方面：一是包装产业的产生及其发展；二是包装产业在国民经济中的地位、作用和目标导向；三是商品包装与市场营销；四是商品包装的经济效益及其评价；五是商品包装与环境保护；六是包装产业结构及其优化；七是包装经济管理等，而没有就包装经济的研究特点总结出一般的定义。

一般说，包装管理有以下几方面的内容：一是包装资料、情报、信息的管理；

二是包装设计的管理；三是包装材料质量的管理；四是包装作业的管理等。加强包装管理涉及面较广，企业内部各部门要互相配合，共同协作。企业管理人员必须加强对包装全过程的科学管理，实现包装管理的现代化，使产品包装做到科学、美观、经济、牢固，从而达到"促销、收益"的目的。其中，包装管理的研究趋势有：定量包装管理研究、精益包装管理、现代物流包装管理研究等方面。

但是，与其他有一级学科的产业相比，在国家和政府层面立项的科研项目数量和比例明显少很多，大多数国家和省市科技计划项目指南中都几乎没有包装之类的项目，导致包装类高校和企业申报政府资助项目的难度加大，很多单位和申报人往往由于找不到对口的申报路径而放弃申报，在一定程度上制约了包装科学研究的快速发展。如能将包装列入国家一级学科目录，包装科研的尴尬局面将会得到有效的改善。

四、科研平台

科研平台是科学研究工作的重要载体，如果没有科学的实验手段、先进的实验设备和良好的工作条件，某个学科要想在当代科技前沿上取得标志性的科研成果、新的发现、创新和突破几乎是不可能的，因此可以说，没有一流的科研平台，就不会有一流的学科。纵观世界一流大学和全国各高校的重点学科，基本上都拥有一个甚至多个国家级的科研平台和若干个省部级科研平台，在这些科研平台中聚集了大量的高层次科研人员和优秀教师、汇聚了大量先进的科研仪器与设备、提供了众多的科学研究场地，它不仅是广大教师和科研人员进行科学发现、科技创新、技术发明的重要场所，也为吸引和培养高层次人才、促进人才流动提供了强有力的保障，因此，通过科研平台产生的成果往往具有较强的创新性，对于学科与行业的科技进步具有较大的推动作用。另外，不同单位、不同类型的科研平台之间通过建立有效的开放共享运行机制，促进了不同科研单位与科研团队之间的互动与合作，进一步推动了学科的发展，增强了学科在科学研究、人才培养和服务经济社会中的功能。

为推动包装学科的快速发展，近年来各类包装科研平台被组建，主要有以下几种。

第一种是科研院所机构。例如：湖南工业大学获批组建"先进包装材料研发技术"国家地方联合工程研究中心；湖南工业大学牵头，联合株洲时代新材料科技股份有限公司、常德金鹏印务有限公司、湖南千山制药机械股份有限公司等单位组建了湖南省2011年"先进包装材料与技术"协同创新中心；依托湖南工业大学包装优势学科，还组建了中国包装总公司包装新材料与技术重点实验室、湖南省先进包装材料与技术重点实验室、湖南省高分子包装材料工程实验室、"包装废弃物资源化利用关键技术"湖南省工程实验室、湖南省高端印刷与包装工程技术研究中心、湖南省高分子包装材料与技术博士后流动站协作研发中心、"先进包装材料成型技术"院士工作站。江南大学建有"国家轻工业包装制品质量监督检测中心""全国轻工业包装标准化中心""中国轻工业包装技术与安全重点实验室"等多个国家、省部级教学科研平台。暨南大学建设了"产品包装与物流"广东普通高校重点实验室、中国包装科研测试中心联合实验室、教育部重大工程灾害与控制重点实验室、包装与物流安全工程实验室、珠海市包装材料与技术公共实验室等科研平台。西安理工大学建设了"陕西省印刷包装工程重点实验室"、陕西省"13115"印刷包装工程中心等科研平台。天津科技大学建有"中国轻工业食品包装材料与技术重点实验室"。

中国包装科研测试中心实验室通过了中国实验室国家认可委员会审查认证，由该实验室出具的检测报告及数据，可获得在环太平洋地区包括美国、加拿大、日本、韩国、澳大利亚等近 50 个国家和地区认可机构间的相互认可，该实验室还被国家质量监督检验检疫总局授权为"国家包装产品质量监督检验中心"，目前还包括 UL、GE、HP、NCR 等多家国际知名组织或企业的认可实验室。除了高校，很多包装龙头企业也建有相应的包装科研平台，如美盈森环保科技股份有限公司、东莞市汇林包装有限公司、深圳冠为科技有限公司、虎彩印艺股份有限公司、上海紫江企业集团股份有限公司等包装企业都建有自己的科研平台。

中国出口商品包装研究所，该所于 1974 年由外经贸部报经中央和国务院批准成立，为中央机构编制委员会办公室核批事业编制的中央财政预算事业单位。经国务院批准，代表中国作为世界包装组织（WPO）和亚洲包装联合会（APF）理事国成员，参与相关国际活动，2005 年加入国际包装研究机构协会（IAPRI）。承担商务部出口商品包装技术服务中心工作职责，拥有联合国援助支持设备仪器较齐全的国家认可实验室，并作为部级认定的外经贸系统科技成果检测鉴定机构。经国家新闻出版总署批准，主办《绿色包装》学术期刊。

中国印刷科学技术研究院创建于 1956 年，是我国唯一的国家级综合性印刷信息服务与科研机构，原直属国家新闻出版总署，2002 年经科技部、财政部、中编办联合发文，整体进入国务院批复组建的中国文化产业发展集团公司（原中国印刷集团公司），转制成为以高新技术产品为龙头，集科、工、贸、出版、信息服务于一体的现代化科技型企业。

暨南大学包装工程研究所，主要研究方向是产品运输包装、食品与药品包装和包装印刷。在包装材料化学物迁移、产品运输包装结构系统分析与优化等研究领域已形成优势和特色。该研究所所属包装工程实验室建立于 2005 年 9 月，下设食品和药品包装实验室、运输包装实验室和包装印刷实验室。包装工程实验室是中国包装科研测试中心联合实验室、教育部重大工程灾害与控制重点实验室包装与物流安全工程实验室、首批珠海市包装材料与技术公共实验室。

第二种是教育机构。如山东大学材料科学与工程学院包装工程研究所，前身是成立于 2000 年的包装工程系，2003 年建立了国内第一个包装材料及容器硕士点，是国内较早具有包装硕士授予权的三个院校之一，形成了从本科、硕士到博士的完整培养体系。2007 年和 2010 年连续两次被中国包装联合会包装教育委员会和教育部高等学校包装工程专业教学指导委员会共同授予"全国包装教育教学先进单位"称号。该研究所为国家培养了一批经济建设急需的、符合国际包装工程发展潮流的工程技术人才。该研究所依托山东大学材料科学与工程国家一级重点学科的学科优势，主要从事包装工程相关领域的材料、工艺、装备、结构及检测等方面的科学研究与技术开发，完成了多项国家及省部级科研项目，并形成了一些具有自身的特色与优势的研究方向，其中一些研究方向已达到国际先进水平。

中国包装教育网（中国包装与物流技术研究会下属网站）在广大企事业单位、包装院校、国家包装制品检测中心等单位的支持下成立，致力于我国包装行业的新技术、新材料推广与人才培养及会议培训工作，提供一站式包装技术解决方案服务，集挖掘、集中、整合中国包装物流资源为一体，把包装和物流作为一个整体去研究、设计、管理，给企业做整体规划方案并做培训指导，着力拓展综合包装物流服务领域，推动中国包装与物流行业的协调同步发展，加强包装与物流技术融合，促进中国物流与包装的发展和社会效益的提高。

第三种是中介服务机构。随着电子商务在我国的快速发展，包装行业电子商务平台化也在不断增强，以包装产业服务的中介服务机构在其中也充当着重要的角色。

中国包装印刷网致力于为中国包装印刷行业企业进行更精准的网络宣传和推广，为广大企业搭建功能全面的网上营销平台，提供丰富、权威的行业资讯，促进行业人士之间的交流，使整个产业链各个环节的沟通、贸易更简单，节省企业的营销和物流成本。

从经济全球化和电子商务迅速发展的趋势来看，未来会有更多的企业选择这种成本低、信息面广、效益高的网络营销宣传模式，这也将会是未来企业发展壮大的必经之路。中国包装印刷网是提供全面的涵盖包装印刷行业的企业和产品展示，供求信息，新闻资讯，人才交流，行业论坛等信息的专业网站。依托网站内部生意宝强大的搜索平台，涵盖了包装印刷行业上游的印刷机械、纸张，下游的产品包装和纺织印刷等行业，业内专业人士可以通过包装印刷网平台直接进行交流。该网站主要提供网上推广（商铺搭建、商机发布、广告合作）＋线下服务（展会宣传＋媒体合作）的全方位、多角度的服务。通过连接买卖双方，提供全面而专业的电子商务平台，为买方找到好的卖家，为卖方找到合适的买家，为中国包装印刷企业创造营销机会。此类平台还有中国包装机械网、中国印染网、中国印刷设备网等一大批与包装印刷有关的中介服务平台，通过不同的业务分工，有利于包装产业整体的健康发展。

随着大数据、共享经济的发展，也出现了一些大数据共享服务平台，其中有纸引未来，这是一个集造纸、印刷、包装行业的大数据共享的服务平台，同时也是集行业资讯、在线交易、仓储物流为一体的产业链 B2B 平台。该平台帮助企业拓宽销售渠道，提升企业品牌影响力，帮助企业降低采购成本，抬升企业利润空间，助力传统企业迈向工业 4.0。与此类似的还有慧聪印刷网、中国机械大全，此类服务平台主要是属于一种综合性中介服务机构。

包装产业的整合升级，分工也越来越精细化，对于包装人才的需求，有像中国软包装人才网为塑料软包装企业提供技术和技工人才的专业人才服务平台。针对包装印刷行业有美印网 B2C 网络印刷平台，主要为用户提供专业商务印刷、广告产品印刷等服务，通过专业分工可以有效地为包装产业的发展提供更好的专业化服务。

第四种是各类包装协会。与包装相关的机构有很多，有政府支持的行业协会，有各省级部门成立的行业协会，也有企业自发成立的各种协会。以下对包装行业中的各种协会进行归纳总结。

1. 中央政府支持的包装行业协会

中国包装联合会是经国务院批准成立的国家级行业协会之一，其前身中国包装技术协会成立于 1980 年，经民政部批准于 2004 年 9 月 2 日正式更名为"中国包装联合会"。中国包装联合会下设 25 个专业委员会，在全国各省、自治区、直辖市、计划单列市和中心城市均设有地方包协组织，拥有近 6000 个各级会员。

中国包装联合会与世界上 20 多个国家和地区的包装组织建立了联系与合作关系，并代表中华人民共和国参加了世界包装组织、国际瓦楞纸箱协会、亚洲包装联合会、亚洲瓦楞纸箱协会、欧洲气雾剂联盟等国际包装组织。

中国包装联合会是中国包装行业的自律性行业组织，其宗旨是：在国务院国有资产监督管理委员会的直接领导下，围绕国家经济建设的中心，按照服务企业、服务行业、服务政府的"三服务"原则，依托全国地方包装技术协会和包装企业，促进中国包装行业的持续、快速、健康、协调发展。

中国包装联合会纸制品包装委员会（简称纸委会）是中国包装联合会下设的专业委员会，是以大型纸包装企业为核心，由纸制品包装生产企业、科研单位、设备制造企业、原辅材料配套企业、工程技术人员及管理干部组成的纸制品包装行业组织，也是群众性的经济技术和学术团体。纸委会的宗旨是：在中国包装联合会的领导下，以全心全意为会员、行业、政府和社会服务为目标，向政府和有关部门反映会员的愿望和要求，保护会员的合法权益，全心全意为纸制品包装行业的共同利益服务。纸委会坚持中国包装联合会提出的"团结、协作、创新、求实"的会风，遵守国家法律、法规，贯彻政府政策、方针，在政府和企业之间发挥桥梁和纽带作用，促进纸制品包装行业持续、快速、健康发展。其主要职能和任务：

（1）向政府有关部门及中国包装联合会提供纸制品包装行业的有关资料，研究本行业发展方向，制订行业发展规划。

（2）参与制订、修订纸制品包装的行业标准和国家标准，并向全行业宣传、贯彻，创造条件采用国际标准和国外先进标准。

（3）促进纸制品包装产品质量提高，推动行业技术开发、技术改造、技术引进工作，推广应用新材料、新工艺、新技术，提高企业自主创新能力。

（4）根据中国包装联合会的要求，负责收集、统计行业内各企业主要经济、技术指标并上报；调研、搜集、整理国内外纸制品包装行业的先进技术、经济信息、市场信息等，向会员单位无偿提供；组织国际技术交流活动，为企业招商引资提供必要的帮助和服务。

（5）办好《中国纸包装》行业信息报和纸委会网站，向会员提供行业价值资讯。

（6）鼓励行业内企业间公平竞争，促进业内团结协作，协调行业内发生的共性问题，向上级有关部门反映会员的要求，维护会员的合法权益。

（7）帮助行业内企业改善经营管理，积极推动企业间的合作、联合、兼并、重组，发展大型企业集团参与国际竞争。

中国包装总公司是1981年经国务院批准成立的，并赋予了对全国包装行业实施计划管理和行政管理权，被定位为"全国性、行政性公司"，对推动中国包装工业持续、稳定和健康发展，提升中国包装产业的整体竞争力起到了重要的作用。

回眸历史，"中国包装"伴随着日益壮大的"中国制造"走向世界，为中国融入世界经济做出了积极贡献。中国包装总公司已成为一家主要从事包装集成服务、

包装贸易、包装制造（加工）业的大型企业集团，并拥有国家级研发、检测、认证、新闻传媒等机构，现属国资委管辖的大型中央企业。

目前，中国包装总公司根据发展的需要，已制定新的战略："包装行业引领者战略"，力求通过"发挥包装技术研发、检测、标准服务竞争优势，充分利用中国包装品牌资源，通过并购重组以及新兴产业开拓，实现跨越式发展，成为高品质、有影响力的行业引领者"。

中国包装联合会电子商务委员会（简称"电商委"）经国务院国资委批准、民政部备案，于2014年7月成立，是中国包装联合会领导下的专业委员会，是响应两化融合政策，推广包装行业电子商务应用，助力中小企业转型升级的专业委员会机构。同时，也是中国包装联合会电子商务工作的重要业务支撑。电商委坚持科学发展，转变发展方式，加快转型发展、创新发展、跨越发展的工作任务，保障行业利益，规范市场经济秩序，全面为会员服务。电商委由各包装组织、各专业委员会和包装企业及相关大专院校组成。

其大力推进行业电子商务应用快速发展，推进包装行业的两化融合，促进经济发展，帮助包装企业建设网络平台，提出了电商战略、电商培训、电商运营、电商交易和移动互联网五位一体的电子商务整体解决方案战略。电商委将通过整合包装及相关行业资源，实现数据共享，充分利用中国包装网资源为开展电子商务发挥巨大作用，从而促进企业快速升级，实现包装产业转型、创新、发展的终极目标。电商委下设"中国包装行业电子商务联盟"和"中国包装行业电子商务培训中心"。

电商委的宗旨是：在中国包装联合会领导下，遵守国家法律、法规，贯彻政府政策、方针，在政府和企业之间发挥桥梁和纽带作用，促进包装行业持续、快速、健康发展。电商委坚持中国包装联合会提出的"团结、协作、创新、求实"的会风，充分发挥行业协会优势，为企业电子商务发展提供全方位服务，制定电子商务行业标准，建立会员共享数据库，发布行业发展报告，向政府和行业传递企业各种政策需求，为企业牵线搭桥，对电子商务企业的快速发展提供公信力的沟通及服务平台。其主要职能和任务：

（1）认真履行电子商务行业管理职能，根据国家的方针政策及中国包装联合会的要求向政府有关部门及中国包装联合会提供包装电子商务的有关资料，研究本电商行业发展方向，制定电商行业发展规划。

（2）根据中国包装联合会的要求，电商委负责收集、统计电商行业内各主要经济、技术指标并上报；调研、搜集、整理国内外电子商务的先进技术、市场经济信息等向会员单位无偿提供；维护会员的合法权益，组织交流联谊活动，为企业招商引资提供必要的帮助和服务。

（3）帮助企业改善电子商务经营和管理，开展评估、评选和表彰先进企业、先进个人的活动；积极推动企业间的合作、联盟、兼并、重组，参与国际竞争。

2. 省级政府支持的包装行业协会

广东省包装技术协会成立于 1981 年 7 月，广东经济贸易委员会是该会业务主管部门，同时是中国包装联合会的地方组织并接受业务指导。广东省包装技术协会下设包装印刷专业委员会、塑料包装、金属容器、装潢设计、纸制品、情报委 6 个专业委员会，并主办《广东包装》杂志，协办《包装与设计》杂志。广东省包装技术协会会员遍布全省各地，涵盖医药、塑料、玻璃、印刷、纸制品、金属、设计、机械等行业。

包装行业科研平台的建立，对于推动包装学科的快速发展起到了重要的促进作用，是未来包装学科和产业发展的重要支撑。但目前为止，包装行业的国家级科研平台数量还很少，还需要在加强包装学科建立的同时，进一步加快包装科研平台的建立。

五、科研机构

发展一个学科，不仅需要大量的人才参与，还需要大量的科研机构作为支撑。纵观国际国内一流学科和现有的一级学科，无不拥有大量的科研机构在支撑其发展，不同地区、不同类型的科研结构，结合其自身优势与特点，在各自的细分领域兢兢业业地开展各类科学研究，大大促进了学科的发展。为支撑我国包装学科的发展，各级政府、行业协会、高校、企业根据其发展需求，在全国建立了 30 个以上的包装科研机构，如依托湖南工业大学"绿色包装与安全"服务国家特殊需求博士点、"材料科学与工程"湖南省重点学科以及株洲时代新材料科技股份有限公司、湖南千山制药机械股份有限公司、常德金鹏印务有限公司的国家认定企业技术中心或国家认可实验室等联合组建了湖南工业大学包装研究院，其主要任务是针对包装材料的制备及其功能化、高性能化、绿色化等关键技术，建立和完善与社会发展相适应、具有国内领先水平的高分子包装材料与技术的自主创新平台，为国家包装产业所需要的绿色与安全包装材料研发提供配套的科研创新条件和成果转化平台；中国包装总公司组建了中包包装研究院有限公司，是主要从事包装科研、标准制定、技术推广、现代服务外包产业、信息搜集、国际技术合作等业务的机构；2010 年，经北京市政府批准，依托北京印刷学院成立了北京绿色印刷包装产业技术研究院，主要任务和功能是围绕绿色印刷包装产业及其先进装备制造业和出版、设计等文化创意产业，以"政府推动、高校主导、企业共建、服务北京、面向国际"为主要实施方式，以建设国家级印刷包装产业技术创新平台和公共服务平台、绿色印刷包装高新技术产业特色基地和开放性创新团队为支撑，以"重大科研课题和产业化项目"为主要抓手，促进产业发展方式转变，带动产业结构优化升级，积极服务和引领行业发展；2018年1月，大亚集团成立了大亚新材料集团智能包装研究院。

众多的包装科研机构从不同的领域对包装学科的前沿进行了研究与发展，对于包装学科的整体发展起到了较好的推动作用。

六、产业情况

1. 纸包装产业情况

（1）纸包装产业概述　中国已是仅次于美国的世界第二包装大国，包装工业位列我国38个主要工业门类的第14位，是中国制造体系的重要组成部分。从总量上看，我国已成为世界包装大国，但在品种、质量、新品研发能力及经济效益等方面，均与发达国家存在较大的差距。根据统计，2014年全球纸质包装产值达到了2150亿美元，并将保持年均6%的增长速度。预计到2020年，全球纸质包装产值将达到3050亿美元。中国包装联合会预计未来国内市场能保持约5%～6%的增速。

包装各子行业收入占比稳定，纸类市场占据半壁江山。中国产业信息网数据如图6-1所示，截至2015年10月，纸类、塑料、金属、玻璃包装企业营收占比分别

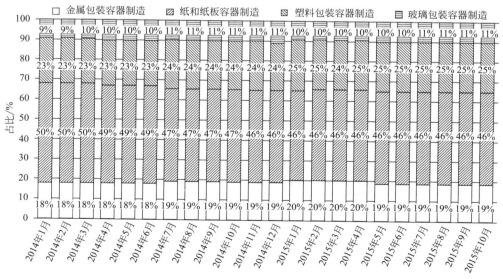

图 6-1　2014～2015 年金属、纸类、塑料、玻璃包装企业营收占比情况

为 46％、25％、19％、11％；2013 年 11 月至 2015 年 10 月纸类包装一直占据主要地位，比例稳定在 45％～50％。中国包装联合会数据显示，2016 年全年四类包装主营收入总计 7547.2 亿元，纸和纸板容器制造仍然占整个包装业主营收入的 45％。根据此趋势判断，未来几年的包装市场仍然会以纸类为主导。

其中，纸包装材料的价格最低，而且可回收再利用，有利于环保，因此发展较快。根据数据显示，2016 年全国纸和纸板容器制造行业累计完成主营业务收入 3376.05 亿元，同比增长 4.94％，增速较去年同期提高了 0.74 个百分点。综合来看，纸类包装增长相对于其他子行业处于有利地位。

随着我国经济的快速发展，加上下游行业的快速发展，纸包装行业的市场规模迅速扩大，纸包装的市场份额也一直处于包装子行业的最前列。与此同时，纸包装行业因产品运输半径有限而呈现产能布局分散的状况，中小供应商获取客户订单能力差、产能闲置现象明显，提高资源整合与产能共享是纸包装行业提升经营效率的重要发展方向。

（2）纸包装产业发展中的问题及趋势　国内纸包装企业三级厂众多，行业集中度低，相对于上游供应商和下游客户而言议价能力不高，在成本波动期间利润承受较大压力；与此同时，有限的运输半径加大了纸包装供需匹配的难度，中小客户的需求更加难以满足。由此来看，过剩产能淘汰、行业集中度提升、行业整合是纸包装行业发展的必然趋势。

首先，产业升级分工细化，企业外包低附加值业务。包装产业与下游客户之间的行业分工越来越细化，随着供应链管理效率的提升，外包服务有望进一步发展形成包装供应链平台业务。

其次，国内纸包装市场分散，成本压力较大。我国的纸包装市场分散、成本压力大，产业整合趋势明显，产品以瓦楞纸箱为主，其生产过程可以简化为“瓦楞原纸/箱板纸→纸板→纸箱”。纸包装产业发展过程中，由于行业准入门槛低，中小型厂商多；订单多呈现小批量、个性化的趋势；单品价值小，运输半径受限制；产品附加值低，存在盈利水平不高等方面的压力，促使包装企业的研发能力和自主创新能力自然也不强。

最后，电商和快递增长迅速，中小客户个性化需求量大。消费升级的主力军仍然是中小型企业和个体客户，其中以电商和快递为代表的包装下游需求呈现高频且多元化的特点，对包装企业的快速反应能力提出了挑战。包装供给不仅在量上面需要加快步伐，面对中小型客户的多元需求，更需要完整的个性化业务模式。电子商务在各领域渗透率持续上升，近年来得到蓬勃发展，交易额保持快速

增长，行业呈现出网购大众化、全民化的发展趋势。根据统计数据显示，2012年中国电子商务市场交易规模为 7.85 万亿元，其中网络零售市场交易规模为 1.32 万亿元。到 2015 年中国电子商务交易额达 18.3 万亿元，其中网络零售市场规模 3.8 万亿元。2012～2015 年我国网络零售市场规模年均复合增长率高达 42.26％。

（3）纸包装产业发展新动力　关于纸包装产业发展过程中的新动力，大体分为两个方面：一方面，消费类电子行业的快速增长直接拉动了对纸质包装产品的需求，从而促进了纸质印刷包装行业的发展；另一方面，消费类电子行业需求的不断变化、升级，将促使纸质印刷包装企业不断提高制造水平和服务质量。

2. 塑料包装产业情况

（1）塑料包装行业概述　塑料包装行业的原材料主要为各类树脂和油墨，一般来自石油化工产业，相关产品的价格波动、技术先进程度将对本行业产生一定影响。

从整体上看，树脂属于大宗商品，容易获得稳定的供应，但其价格受石油价格影响较为显著，树脂的价格变化对塑料包装产品的成本和价格也有着一定影响。国内外石油化工企业近年来面向塑料包装企业提升产品质量和性能的需要，推出了多类新型树脂、助剂，有利于塑料包装行业的发展。

下游行业对塑料包装行业的发展具有较大的牵引和驱动作用，其需求变化直接决定了行业未来的发展状况。近年来，随着国民经济的迅速发展，生活水平的不断提高，人们对产品的品质、使用属性、品牌属性、情感属性不断提升，从而促使食品、医药、电子产品、日化的生产商、零售商对功能性、环保性的塑料包装具有更高需求。

同时，我国的塑料包装行业起步于 20 世纪 70 年代；80 年代初到 90 年代是我国塑料包装行业的快速成长期，这段时期，国内各种商品的塑料外包装效果和功能都发生了根本性的变化；90 年代开始，大型跨国企业陆续进入我国，包装市场对塑料包装的要求更加追求完美，同时包装需求迅速增长，市场规模不断扩大。由于我国工业产品对塑料包装需求的快速增长，塑料包装新材料、新工艺、新技术、新产品不断涌现，塑料包装产业保持了高速增长的态势，其年均增长速度高于包装行业的整体发展速度。

在塑料包装产业中，塑料包装箱及容器制造行业是中国包装产业中兼具规模突出、增长较快两个特征的子行业。根据中国塑料加工工业协会和中国包装联合会的统计数据，如图 6-2 所示，我国塑料包装箱及容器制造行业 2014 年累计完成销售收入 1748.83 亿元，同比增长 9.32％，高于当年包装行业整体增速（7.13％），规模占当年包装行业的比例为 15.83％；2015 年累计完成销售收入 1851.72 亿元，同比增长 5.88％，高于当年包装行业整体增速（4.08％），规模占当年包装行业比例为 16.29％，占比相比 2014 年提高了 0.46 个百分点，为包装行业各子类中占比增幅最高的子类。

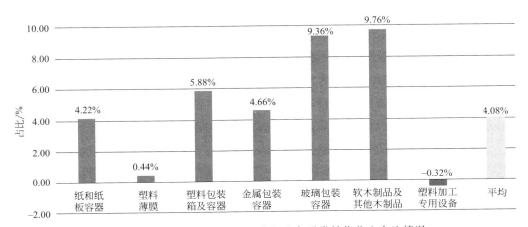

图 6-2　2014～2015 年中国包装行业各子类销售收入占比情况

（2）塑料包装产业发展新动力　随着我国国民收入的持续增长，国内消费市场持续扩大以及我国城镇化进程的进一步深化，为食品饮料、调味品、日化用品、食用油等快速消费品市场提供了充足的增长动力，进而带动塑料包装市场需求的不断增长。另外，我国政府大力推动经济结构转型升级，使我国经济开始转向更高质量的增长路径。

塑料包装产业下游应用领域不断拓展，尤其是在我国消费市场不断增长的情况下，使得塑料包装容器市场的需求量持续增长。同时，随着生产工艺和技术水平的提高，塑料包装行业的应用领域将不断拓展，为包装容器带来了新的市场增长点。加上国家产业政策的扶持以及塑料包装行业整合升级的趋势，下游市场的快速增长及应用领域的不断扩大和发展，将为塑料包装容器市场带来广阔的发展空间。

（3）塑料包装产业发展新趋势　塑料包装产业产品正朝着三大方向发展：首先是功能化，使用量占比超 30％专用料需求快增；其次是绿色化，环保安全要求升级相关助剂即将热销；最后是减量化，根治"白色污染"生物降解塑料受宠。这三大发展方向对于塑料包装产业的发展来说既是机遇，又是挑战。为了

实现这一目标，就要加大整个产业相关材料的开发与推广，只有这样才能有效满足市场的新需求，开辟新的市场份额。

3. 金属包装产业情况

（1）金属包装产业概述　我国金属包装产业现已形成包括印涂铁、制罐、制盖、制桶等产品的完整金属包装工业体系。其主要产品可分为：印涂铁、饮料罐（包括铝制两片饮料罐、钢制两片饮料罐、马口铁三片饮料罐）、食品罐（普通食品罐和奶粉罐）、气雾罐（马口铁制成的药用罐、杀虫剂罐、化妆品罐、工业和家居护理罐等）、化工罐、200L以上的钢桶和金属盖产品（皇冠罐、旋开罐、易拉罐等），金属包装产品线丰富，应用领域十分广阔。

随着国民消费能力的提高和消费习惯的升级不断出现，快速增长的高端饮料产品大量使用了金属包装物。近年来，我国金属包装工业进入快速发展期。我国金属包装行业较美国、日本等发达国家相比，仍存在广阔的发展空间。

从产业的综合发展和业绩表现来看，金属包装已经进入了稳健、持续的发展期，基本形成了包括广州、深圳、珠海、香港在内的大珠江三角，江浙沪的长三角和京津唐渤海三角三个集中金属包装产业带，并出现东部沿海向华中地区、西南地区转移及南方发达地区向北方发达地区拓展的趋势。金属包装的区域发展得到进一步改善。金属包装已从分散落后的行业发展成拥有一定现代化技术设备、门类比较齐全的完整工业体系，一批跨地区的产品新、规模大、效益好的金属包装龙头企业开始涌现，特别是中粮包装、波尔亚太和奥瑞金制罐。

（2）金属包装产业发展新动力　食品、快速消费品的高速增长是这个产业快速发展的第一牵引力，而包装产品的升级趋势则直接提升金属包装产品在各门类包装产品中的份额，未来金属包装将更加注重食品安全保障，更加注重减薄减量化，更加注重可回收利用。金属包装业属于资本密集型行业，只有具备较强资本实力的企业才能实现规模扩张和装备升级，进而形成规模优势和成本优势。同时，技术水平是金属包装企业生存和发展的基础，只有技术水平达到一定高度，才能在满足客户质量需求的前提下最大限度节约成本，能完成这一使命的，是掌握资本实力的行业企业。

未来3～5年工业发展空间巨大，突破千亿产值已成定局。食品和快速消费品的持续增长，特别是饮料作为消费品的高速增长，啤酒的罐化率数值越来越高，农村市场对两片罐的强劲需求，金属包装机械设备、管理和产能规模的逐步提高。再来看政策的扶持空间，中国包装工业"十二五"规划指出，"十二五"期间包装行业要着力推动绿色化发展，培育壮大绿色经济，把发展绿色包装、绿色产业作为推动经济结构调整的重要举措。

主要由于金属包装易回收、易降解，与纸质包装、塑料包装相比，金属包装更加环保、节能，顺应我国经济增长方式由"高投入、高能耗、高污染"的粗放型增长方式向"低能耗、低污染、高产出"的集约型增长方式转变的大趋势。因此，我国金属包装产业将大有作为。

第二节　包装学科的层级设置原则

学科建设是一项复杂的理性活动，唯有坚持科学的原则方可取得良好的成效，否则难免出现混乱。关于学科建设究竟应遵循什么样的原则，不同的主体由于其价值观、关注点和研究角度不同，所持态度通常各异。有人认为，学科建设应该坚持系统性原则、科学性原则、创新性原则和实效性原则。也有人认为，学科建设应该遵循重点建设的原则、可行性原则、特色与创新的原则、超前性原则和共生性原则。当然，还有一些其他的看法，如自主生存的原则、优胜劣汰的原则、适应科技发展的原则，等等。应该说，这些表述对学科建设原则的构建具有极为重要的借鉴意义和参考价值。

一、系统性原则

学科建设离不开行政机构的运作。高校不同于一般的行政机构，它具有作为文化机构的学术性特征。学校中的教师和科研人员既属于某一学科和研究领域，又属于学校这一行政机构中，因此高校的组织结构呈现出由学科和事业单位两条主线构成的矩阵结构，即在直线——职能制的基础上，建立了横向的协调系统，这种独特的组织机构使高校的管理体制和运行机制呈现出错综复杂，甚至松散、无序的形态。而同时学科建设也是一项综合性很强的工作，涉及学校多个相关部门的工作，这些因素决定了高校学科建设的复杂性。

然而，从学科建设的组成要素来看，教学、科研、人才、方向、学术交流、基础建设诸要素又是互相联系、相辅相成的。提高教学质量和科研水平、设置研究方向、对外学术交流等归根结底都要靠人才去实现，提高科研水平有助于教学质量的提高，而教学质量的提高也会促进科学研究。活跃的学术交流可以促进教学、科研的提高，有助于人才的培养与素质的提高，而基础建设是学科建设顺利开展的保障。可见，学科建设的各个要素是互为制约、互相促进的，它们将高校的松散的组织紧密地联系在一起。因此，必须将高校的学科建设看作一项系统工程，当学校的各个相关职能部门围绕着这些要素开展工作时，各个职能部门就被纳入这一

系统中；当各职能部门的管理形成一致的合力时，学科建设就会达到最大效果。因此，无论从高校管理组织机构的特点，还是从学科建设的要素来看，必须将高校的学科建设放在一个完整的、综合的系统中来开展，综合考虑系统中相互联系、相互依存和相互作用的要素，根据系统的整体性、相关性和有序性来开展学科建设。

学科建设是一个系统工程，是一个由多个互相联系、相辅相成的要素构成的有机整体。此外，学科建设的重点和发展方向与社会发展的各个方面息息相关，应综合考虑学科建设与社会政治、经济和文化等外部因素的关系，对社会未来发展、人才的需求进行战略预测，将学科建设置于社会发展的大环境下予以统筹规划。现在大学的学科建设已经不是某一个单独的学科的建设问题，而是一个学科系统的建设问题。要想把学科建设好就必须用全局的思维在整体规划的框架下，明确各个部分的分工，充分整合各个部分的有效因素，使得各个部分都能发挥各自的最大绩效，使学科建设达到最佳结果。

学科建设的根本目的是培养具有创新思维和创造能力的优秀人才。要培养优秀的人才，就必须要组织好教学工作、科学研究工作、学科梯队建设、图书管理、仪器设备管理等各个方面的工作，使其能够相互配合，共同推进学科建设。学科建设并不是单一的某项工作，也不是某几项工作，而是一个包括教学、科研等各方面在内的大系统。所以，在进行学科建设管理时必须把学科建设的各个部分进行统筹考虑，使得它们能够相互结合、相互促进，才能使它们达到最优化，使得学科建设达到最佳效果。所以我们不仅在高校管理时要考虑系统性原则，在进行学科建设管理时更需要遵循整体性原则，用全局性的思维从整体的角度去协调各部分的工作，从而加快学科建设的步伐，使得学科建设达到最好的效果。

学科建设涉及科学研究、人才培养、梯队建设、条件设施等多个要素，是高校的一项具有综合性、长远性的基础工作，需要若干部门通力合作，需要大批学者十年甚至几十年不舍的辛勤耕耘。因此，无论是学科建设还是其管理，都必须坚持系统性原则。

二、发展性原则

发展性是适应性的逻辑要求，学科建设要适应社会发展的需要，就必须坚持发展性原则。大家熟知，社会是不断发展的，人类的需求也在不断变化，这就决定了高校的学科建设不能一劳永逸，唯有不断调整学科结构、提高学科水平、催生新的学科生长点，才能适应社会变化和发展的需求。

坚持发展性原则，也是学科发展的逻辑要求。一个学科诞生之后，如果没有发展，就不可能走向成熟，相反可能在长期的停滞中逐渐走向衰亡。学科的发展是一个动态的过程，从布点开始，研究方向从一个到多个，然后形成独立学科，进一步变成成熟学科，师资尤其是学科带头人通过培养和引进从无到有、从少到多，科研成果从低水平到高水平，科研条件从较差到相对较好，人才培养质量的逐步上升，都有一个螺旋式上升和发展繁殖的过程。从学校的发展来看，所有高校一般都要经过由单科性院校发展到多科性院校，然后成为综合性高校的过程。在这一过程中，学科的发展不仅包括提高学科质量和水平，也包括增加和构建新的学科，还包括改造、调整甚至取消一些无社会需要或无生命力的学科，最终使整个学校的学科形成一个优化的生态系统。

　　要根据区域经济与社会发展以及实现可持续发展对人才的需求，不断创新学科建设理念、学科体系、学科内容、学科研究方向、学科建设体制与方法，集中优势力量努力开辟新的领域和新的研究方向，不断形成新的学科优势和特色。同时注重采取渐进发展方式，一方面调整、分流不符合经济社会需要的学科；另一方面防止急功近利，努力实现稳步发展，使学科发展与社会经济、文化、政治等的发展相适应。

三、科学性原则

　　学科本身有其内在的发展规律。随着社会和经济的发展，社会结构和经济体制在变更，经济结构和产业结构也在不断调整，科学研究在向纵深的精细化发展的同时，也朝着横向网络化方向发展。一个新学科、一个新的研究方向的产生，不是一蹴而就的，它需要一个较漫长的积累与突破的过程，需要遵循其内在的客观发展规律，也需要人的主观努力，进行有意识的培育。学科建设必须重视这种内在自身规律，重视科学理论的指导作用。

　　在学科建设的各要素建设中，也必须遵循科学性的原则。教学、科研、人才培养、学术梯队的建设，都有其自身的发展规律。在教学中，学生是主体；在科研中，教师是主体。因此，在学科建设中，人的因素最重要。要遵循人的身心发展规律，要以心理学、教育学的科学理论来指导学科建设，以人为本，探寻符合人的身心发展规律的教学、科研管理机制，促进人才的快速成长，激励科研标志性成果的产出。学科建设应遵循的科学性原则，也体现在一切从实际出发。学科建设必须结合国家和地区的经济、社会发展的需要，结合地区学科布局情况，结合本校人才培养目标和学科建设的实际情况来开展。

第三节 包装学科体系的特征分析

一、包装学科体系的交叉性分析

跨学科性是包装学科的突出特点，主要是指包装学科涉及多门学科的多样性。这种多样性是指用多种方法横跨、渗透一门或多门学科，在多门学科之间所进行的科学研究。包装学科是在科学研究过程中，通过一门和两门或多门学科的知识和技术，酝酿、研究、孕育出来的新成果、新科学。由于包装会涉及经济系统中的多个方面，如设计、制造、运输和销售，因此，包装学必然是一个交叉性很强的学科，包装学科涉及理学、艺术学、工学、环境学等多门学科，是一门以数学、物理、化学等学科为基础，在设计学、材料科学与工程等多门一级学科交叉支撑下产生的一门新兴学科，具有典型的学科交叉性。

1. 与设计学学科的交叉性

包装的主要服务对象是商品，不同的商品有不同的形态、尺寸以及不同的功能性要求，这就需要对产品进行包装设计。一个成功的包装设计不仅要确保商品在消费之前的存储、流通安全，还要能起到美化商品、吸引消费者注意力、促进销售的作用。进入新时代以来，随着互联网和物联网的快速发展，商品的个性化要求越来越突出，而且随着人们环保意识的增强，对包装还提出了个性化、精细化、绿色化、环境友好化等更高的新要求，这就对包装提出的设计要求则更高。包装的设计涉及包装装潢设计、包装造型设计、包装结构设计、包装工艺设计等。包装设计中所用到的很多设计方法与理论都可借鉴设计学中的相关方法与理论，因此，包装学科中的设计领域与设计学科具有明显的交叉性。

2. 与材料科学与工程学科的交叉性

几乎所有的包装容器（如包装瓶、包装桶、包装罐、包装袋等）的生产制造中都会用到材料，所涉及的材料包含纸、塑料、金属、玻璃、陶瓷、油墨、黏合剂等，涵盖了高分子材料、无机非金属材料、金属材料及复合材料等多个材料种类。在包装材料的选择、包装容器的制造、包装废弃物的循环回收再利用等多个环节中都要用到大量材料科学与工程学科中的相关理论、方法与技术。如包装材料的物理、机械、化学性能分析要用到材料物理、材料化学等相关领域的知识；包装容器制造过程中要用到材料成型与加工技术相关的知识。因此，包装学科与材料科学与工程学科具有明显的学科交叉性。

3. 与力学学科的交叉性

对商品实行有效的保护是包装的三大功能之一，其中包装的缓冲保护、振动防护、撞击防护设计与分析中需要用到大量力学学科的知识。脆值理论、边界理论、动力学理论、材料力学、理论力学、流体力学等相关的原理、方法、技术在包装防护设计与分析中被广泛应用，并且起到了很好的效果，因此，包装学科与力学学科具有较强的学科交叉性。

4. 与食品科学与工程学科的交叉性

食品是包装服务的主要对象之一，在食品包装设计、储存、流通、运输过程中，包装要充分考虑食品的质量安全，这就需要用到食品防腐、食品加工储藏与运输、食品营养安全与检测、食品品质管理等相关的理论、方法与技术，因此，包装学科与食品科学与工程学科具有一定的交叉性。

5. 与机械工程学科的交叉性

大多数包装产品都需要借助机械完成其生产与制造过程，可以说，90％以上的包装离不开机械，包装机械既属于大类机械的范畴，却又有其独特性。包装装备的设计、制造、维护等环节需要用到大量机械设计、机械制造相关的理论和方法，因此，包装学科与机械工程学科具有显著的交叉性。

6. 与信息、计算机等相关学科的交叉性

包装设计中需要用到大量的计算机设计软件（如 CAD、Photoshop、3DMax 等）及技术，也会用到虚拟仿真分析软件及技术。随着人工智能的快速发展，包装中还将应用大量的信息防伪技术、条码技术、RFID 技术等与信息科学、计算机科学等相关学科的理论与技术，因此，包装学科与信息、计算机等相关学科的交叉性非常明显。

7. 与数学、物理、化学学科的交叉性

包装结构设计、包装制品检测、包装制品评价等过程要用到大量的数学计算、建立数学模型、物理性能分析（如硬度、密度、熔点等）、化学性能分析（如分解、腐蚀等）等领域的众多知识，包装中的很多现象也是数学、物理、化学等学科研究的对象，因此，包装学科与数学、物理、化学等学科有交叉性，它们是发展包装学科的重要基础。

8. 与环境科学与工程学科的交叉性

环境科学与工程学科包括：环境科学、环境工程两个二级学科，环境科学属于理论研究，主要涉及的内容是环境污染物的迁移转化规律，而环境工程则是以环境

科学的研究结果为依据，研究环境污染的各项治理技术。

包装的快速发展，对环境造成了较大的影响，已经引起了各方面的关注，发展绿色包装已经成为社会各界的共识。在包装生产过程的节能减排、包装废弃物的循环回收再利用、包装废弃物材料的降解等领域所研究的对象、用到的知识与环境科学与工程学科有较强的交叉性，环境科学与工程学科中的理论、方法与技术可以帮助包装学科较好地研究包装与环境的关系。

9. 与经济学科的交叉性

包装工业作为服务型制造业，是国民经济与社会发展的重要支撑。随着我国制造业规模的不断扩大和创新体系的日益完善，包装工业在服务国家战略、适应民生需求、建设制造强国、推动经济发展等方面，将发挥越来越重要的作用和影响。国家《国民经济和社会发展第十二个五年规划纲要》首次将包装列入"重点产业"，明确了"加快发展先进包装装备、包装新材料和高端包装制品"的产业发展重点。2015 年包装工业主营业务收入突破 1.8 万亿元，位列全国 38 个主要工业门类的第 14 位。包装经济学在包装学科中的地位与作用越来越重要，而研究包装经济学的学科基础又很大一部分是来自经济学学科中的相关理论与方法。因此，包装学科与经济学学科也有较大的交叉性。

10. 与管理科学与工程学科的交叉性

管理科学与工程是综合运用系统科学、管理科学、数学、经济和行为科学及工程方法，结合信息技术研究解决社会、经济、工程等方面的管理问题的一门学科，该学科是管理理论与管理实践紧密结合的学科，侧重于研究同现代生产、经营、科技、经济、社会等发展相适应的管理理论、方法和工具。

作为服务型制造业，包装产业几乎与国民经济和社会发展的各个领域都密不可分，且其覆盖范围越来越广泛，截至"十二五"末，全国包装企业已发展到 25 万余家，其中规模以上企业 3 万余家。实践经验证明，科学的现代化管理能够提升包装产业的发展速度和发展质量。管理在包装产业发展中的地位和作用变得越来越重要，已成为包装学科领域的重要分支，管理科学与工程中的相关理论和知识是发展包装管理科学的重要支撑。然而，由于我国包装产业中 90％以上的企业是中小型企业，且以民营企业为主，这就使得包装产业管理有其独特性。因此，包装学科与管理科学与工程也有明显的交叉性。

包装学科除了与上述学科有明显的交叉性外，在包装设计与制造中，还会用到社会学、心理学、系统科学、光学工程、控制科学与工程、电气工程、生物技术等学科中的相关理论和技术，因此，包装学科与社会学、心理学、系统科学、光学工程、控制科学与工程等学科也有一定的关联和交叉性。

二、包装学科体系的独立性分析

包装学科与其他学科有较大的交叉性，但是，包装学科的理论、知识体系并不是简单照搬其他学科的内容，而是在其他学科支撑的基础上发展成了自己特有的学科体系，有明显的学科体系独立性，其关键研究领域是任何一个现有学科都不能替代的。同时，包装学科作为不同学科相互作用、相互融合的产物，有着自身的矛盾运动进程和体系结构，这就是包装学科的相对独立性。一方面，包装学科通过不同学科的理论、方法、技术手段相互借鉴、融合、借助而成，形成一个新的独立的理论体系；另一方面，它还可以由其自身不断地派生出新的分支学科，并与其他学科进行二次交叉，这就是科学的飞跃、科学的进步。包装是一个服务于产品的产品，它的使用价值需要与产品相结合才能得到实现。因此，它与一般的产品具有本质的不同，那么为了制造出合适的包装产品，就需要具有自身独特的性质。这种独特的特点就需要不同于其他学科的学科特点。建立这样一个包装学科才能更好地服务于包装的设计、制造、运输和销售。

1. 包装对食品的保质保鲜理论具有独立性

新鲜果蔬采摘后如果不采取合适的保鲜措施，其存放时间往往非常短；加工食品如果没有合适的防护措施，其保质期也较短。但是，实践经验证明，采取合适的包装可以大大延长食品的保质保鲜时间，然而，从目前的学科设置和研究理论来看，还没有任何一个现有的一级或独立学科门类能完全覆盖包装对食品的保质保鲜理论研究范畴，致使从事现有一级或独立学科门类中的学者很少关注包装的保质保鲜相关理论及机理的研究，也就导致了该领域的研究很不系统，有关包装对食品保质保鲜的相关机理与规律尚未完全揭示。要揭示包装对食品的保质保鲜机理，需要将包装作为一个独立的学科范畴进行系统的研究，因此，包装对食品的保质保鲜理论具有明显的学科独立性。

2. 包装设计理论及技术具有独立性

包装设计针对的是商业产品，包含艺术设计、结构设计、工艺设计等多方面的内容，既涉及艺术领域，也涉及工程领域，它不同于单纯的艺术设计，也不同于工业设计，因此，单纯用艺术设计学或工业设计学的理论和技术都不能完全解决包装的设计问题。一个好的包装设计，需要从艺术、文化、工艺、材料、产品等多个角度进行综合考虑和平衡。因此，现有的设计学科是不能代替包装设计的。要充分发展好包装设计，必须研究和形成一套完整的包装设计理论与技术体系。因此，包装

设计理论及技术具有明显的学科独立性。

3. 包装材料学理论具有独立性

包装材料虽然所用到的大部分加工、制造、应用等理论及技术是属于材料科学与工程领域的知识，但是包装材料与被包装物品之间的相容性、相互影响性规律及一些智能包装材料等方面的科学研究是现有材料科学与工程领域所没有涉及的研究范畴。要清楚揭示包装材料与被包装物品之间的相容性、相互影响性规律及发展一些智能包装材料，需要从包装和材料的角度综合研究并形成独立的理论知识体系，才能正确指导包装材料的健康有序发展，很显然，通过综合材料与包装等多方面知识形成的包装材料学理论必然具有其不同于现有材料学科体系理论的明显特征。因此，包装材料学理论具有学科独立性。

4. 包装工艺与技术相关理论具有独立性

在产品包装中，需要用到大量的裹包、充填、计量、防腐、防虫、防霉等工艺与技术。近年来，随着包装学科与包装产业的快速发展，在传统裹包、充填、计量、防霉、防虫、防锈、防震、缓冲等领域发展并形成了大量基于包装的新理论、新知识，组成了包装工艺与技术的新学科理论体系，与其他学科相关理论与知识相比，既有继承、又有发展，且具有学科独立性。

5. 包装废弃物循环回收再利用技术及理论具有独立性

据统计，城市固体垃圾中，有 30% 以上为包装废弃物。随着全球经济的快速发展，对包装的需求量越来越大，包装废弃物的大量排放对人类的生存环境造成了较大的压力，如何使包装废弃物有效进行循环回收再利用是包装领域的一个重要研究领域，也是全社会关注的重要领域。由于包装的废弃物种类繁多、数量巨大、特征各不相同，采用现有的环境科学与工程学科的理论和知识不足以解决包装废弃物循环回收再利用的问题，必须根据包装和包装废弃物的特征，研究和发展相关理论和技术，才能正确指导包装废弃物的循环回收再利用工作。因此，包装废弃物循环回收再利用技术及理论具有学科独立性。

6. 包装经济与管理相关理论具有独立性

我国包装学科及包装产业在发展的过程中，虽然用到了经济学与管理学等现有学科领域的大量理论和知识作为指导，但是，由于我国目前包装企业中的 90% 以上为民营企业，且 90% 以上的企业为中小型企业，20%~30% 的企业为微型企业，而我国包装产业的体量却非常大，对国民经济的贡献也很大。因此，我国包装产业与其他产业和行业有着很大的不同，要充分发挥包装经济与管理在包装产业发展中的作用，必须对包装领域中的经济和管理现象进行深入的研究和分析，并形成独特的包装经济与管理理论体系，才能正确指导我国包装产业的转型升级和快速发展，因此，包装经济与管理相关理论也具有学科独立性。

由此可见，包装学科不仅与其他学科具有较大的交叉性，还具有其明显的学科独立性。

三、包装学科体系的综合性分析

一个完整的包装，是一个系统工程，包含包装设计、包装材料、包装制造、包装检测、包装运输、包装存储、包装销售、包装管理、包装废弃物循环回收再利用等很多环节，所应用到的知识涉及艺术学、设计学、材料科学与工程、机械工程、力学等多个学科门类和一级学科。因此，要系统研究一个包装学科中的科学问题，不仅要用到包装学科自己的知识体系，还要用到大量其他学科体系的知识。由此可见，包装学科具有显著的综合性。

同时，创造性是科学的生命，任何科学研究均离不开创造性和实践。新概念推翻旧概念，新理论推翻旧理论，新技术代替旧技术。包装学科在不同理论、不同技术的交叉研究中表现出一种独特的综合创造性。包装学科能从更高一个层次上对其他学科的成果进行综合，创造出一种前所未有的新理论。包装学科的综合性只有通过它把各个相关学科的知识体系融合在一起，才能提炼出学科自身的特点，这也反映出包装学科的综合性特点。

第四节　包装学科体系架构设想与建议

就学科体系的构建而言，其体系架构应该遵循什么样的原则，是我们探究包装学科体系的逻辑起点。基于此，我们在综合借鉴其他学科体系构建经验的基础上，重点阐述了包装学科体系构建的前沿性原则、扶持新兴学科原则、生态化原则以及不断吸收和借鉴其他成熟学科的原则，并概括性地提出相对科学的包装学科体系。

一、包装学科体系架构原则概述

关于二级学科体系构建的原则论述是"五花八门"。田定湘和胡建强认为，应该遵循重点建设的原则、可行性原则、特色与创新的原则、超前性原则和共生性原则；李枭鹰提出适应性原则、发展性原则、重点建设原则、突出特色原则、生态优化原则和系统性原则等。尽管对各二级学科体系构建的原则并没有达成"共识"，但这些基本原则也是值得包装二级学科体系架构借鉴的。因此，包装学二级学科体系构建必须在遵循一定原则的基础上将传承与创新突破结合起来，将凝练学科方向出优势、显特色与打造学科综合优势特色、提升整体建设水平结合起来，逐步形成由主干学科、支撑学科、配套学科、相关学科、基础学科、交叉学科同存共荣的有机集合体，由此构成一个科学、优化的二级学科体系。

就包装二级学科体系构建的基本原则研究现状而言，已有一些学者在其论文中涉及，但并没有形成专门的学术研究。包装学科建设原则包括"明确方向、协调互动、突出特色、培育优势、服务公安"等方面。包装二级学科应遵循的原则包括："符合国务院学位委员会、教育部规定的设置条件；体现国家和社会对包装人才的需求和工作实践；符合学科建设的内在逻辑；不断吸收和借鉴其他成熟学科的建设思路"等方面。在综合不同二级学科体系构建原则的基础上，我们认为包装二级学科体系构建的基本原则至少包括：开放、前沿性原则；扶持新兴学科原则；生态化原则；不断吸收和借鉴其他成熟学科的原则。

1. 学科体系构建的前沿性

学科建设过程中的各要素都处于不断的变化之中，它们的相互关系也是处于不断发展变化之中的。因此，在进行包装二级学科体系构建时，应当坚持前沿性原则，把握学科建设过程中各要素的发展变化，从而实现二级学科体系构建整体运作的最佳状态。有学者认为，学科构建的前沿性有三重规定："一是学科建设发展紧迫需要而又尚待研究的重要理论问题；二是学科领域中理论与实践发生矛盾而又亟待解决的重大问题；三是学科理论逻辑演进中生发出来而又必须解决的新问题。"

同样，包装二级学科体系构建的前沿性，面临着理论的前沿性和实践的前沿性两个方面的内容。就理论前沿性而言，突出包装二级学科体系的前沿性，一方面是指发展前沿本身要与国际先进水平接轨；另一方面是为了改造原有学科，使其富有新的思想和活力。而要保证包装二级学科体系构建理论的前沿性，必然要求不断追踪包装学科发展的前沿，寻找学科新的增长点，必须瞄准国际国内包装学科前沿，明确建设重点和发展目标，开辟新领域，创造新理论，注意以战略性的眼光来科学把握包装学未来发展的趋势，从而确保包装二级学科建设在理论方面始终体现出超前性和创新性。就二级学科体系构建实践的前沿性而言，包装二级学科体系构建必须适应经济社会发展的需要，这是包装高等教育发展的基本要求。

2. 扶持新兴二级学科的原则

在包装二级学科建设中，综合分析学科优劣，注重传统学科和新兴学科的关系，重视、瞄准新兴学科、交叉学科和边缘学科，并对新兴学科进行认真研究、科学论证，积极与同行沟通、交流，以期获得更多研究者的认同，力争在新兴学科上与国内同行站在同一起跑线上开始共同进步。扶持新兴学科，要遵循包装学科发展的内在规律，既要内涵式发展，又要外延式发展。就内涵式发展而言，在众多包装二级学科的融合、互动和多向交流中，通过充实和加强，实现学科建设的内涵发展；就外延式发展而言，通过调整、重组、增设，积极探索学科发展的新路，巩固、提高基础优势学科，大力发展交叉学科，扩大新兴学科的发展空间，促进新兴学科的生长。

3. 二级学科体系构建的生态化原则

生态学是德国生物学家海克尔 1866 年创立的，是研究生态系统与其环境系统间作用规律的一门科学。在生态学看来，学科建设系统作为一个复杂的适应性系统，其进化、发展与自然界的进化、发展存在诸多相通之处，具有一般生态系统的基本特征。实践证明，任何优势、特色学科如果不能与相关学科保持紧密联系，坚持与其他学科之间的和谐共生，都必将失去自身的生命力。斯坦福大学荣誉校长卡斯帕尔（Gerhard Casper）曾说过："一所高校面临许多学科方向发展的选择，重要的是要结合学校的实际进行合理规划。如果你要发展社会科学学科，就必须建立经济学科；如果你要设立医学院，病理学系是必不可少的；如果要设立人文科学院，那艺术系学科是绝不可能少的。"换言之，单独一个学科即使存在也难以持久。因而，包装学科体系结构必然是主干学科、配套学科、基础学科、交叉学科同存共荣的有机集合体。

就包装一级学科下设二级学科体系的现状而言，包装独立成为一级学科，并不意味着包装及各分支学科理论已经非常成熟和完善，与其他成熟学科相比，它还是一门年轻的学科，学科理论体系尚不成熟，理论品质也有待进一步提升。包装学科作为一个新兴学科，其形成的主要表现是学科知识体系的成熟与完善。而包装一级学科下的二级学科体系有不同的学科组织、制度、传统和文化，各二级学科会随着科学研究的不断深入而不断分化。为了实现包装二级学科体系生态化，必须确保各二级学科共生的环境，不同的二级学科、学科群以及学科群落可能有不同的规模。但不论大小都不是各种学科的随意拼盘，而是围绕主干学科，推动学科之间的交叉、渗透、连接，通过互动、共生、融洽，不断催生新的学科增长点，实现各二级学科之间的生态化与可持续发展，形成富有生机的网络化的学科"森林"。

4. 不断吸收和借鉴其他成熟学科的原则

学科体系的构建必须使相关学科为其提供坚实的基础及研究方法，并使它们相互促进、相互融合。因此，学科体系的构建必须与社会、与其他学科保持密切、迅捷的信息交流，不断更新自己的知识、理论和方法。包装学科作为一个新兴学科，其成长、成熟必然需要一个较漫长的积累与突破的过程，需要遵循其内在的客观发展规律，更需要借助于其他已经成熟的学科。这也决定了包装二级学科体系的构建是一个动态的、螺旋式上升与发展的过程。作为一个新兴学科，包装学科虽然在一定程度上符合一级学科的设置标准并得到了一定程度的认同，但相比较法学、社会学、政治学、管理学等一级学科而言还有一定的差距。

因此，包装二级学科的构建应借鉴和吸收这些相对成熟学科的设置与建设思路，并结合包装工作实践不断完善包装学的二级学科体系。

包装学科主流分类模式如下。

（1）主题型分类模式　包装学科的研究有明显的主题特征，随着包装学科研究的深入，主题特征体现得更为突出。根据包装学科围绕的重点主题，把它定在一个比较恰当的范围内，进行学科归类。包装课题研究与包装网站的类目设置可依照主题归类法进行划分。

（2）集中型综合分类模式　包装学科跨越了社会科学和自然科学，是一种综合应用型学科。因此有其自身的发展规律和研究范围，分类方式可按其学科的特色进行学科分类，一层嵌套一层，独立形成一套科学的分类体系。这点可应用于包装专用的分类法中。

（3）分散型分支学科分类模式　在包装学科研究尚未进入一种明显的学科体系时，其研究的对象是单一的，主题相对是独立的。对于集中归类还没有强有力的理论支持时，其学科还是一种新兴学科。分类时可将有关包装主题归入一个同它的主题概念密切相关、内涵最接近、外延相似的类目中。目前的中国图书馆分类法就是此类模式的代表。

二、包装作为独立学科门类的体系架构设想与建议

包装设计是兼具艺术性与经济性的一种实用艺术形态。包装设计作为艺术的一个门类主要以创造功能美为目的，这体现了它的艺术性。此外，它的价值必须在社会经济活动中才能得以实现，这又充分体现了它的经济性。这样一种实用艺术形态的功能提高了人类的生活质量，满足了人们日益增长的物质和文化的需求，这就决定了包装设计本身就具有精神与物质两个层面。如上所述，要使艺

设计与社会经济协调发展，其中必然涉及新科技、新材料的开发利用，因而包装设计下的二级学科可以分成：包装美学设计和包装的工艺与结构设计两个二级学科。

包装技术是对包装的一个支撑作用，通过它可以把包装设计和要实现的目的结合在一起，起到一个"黏合剂"的作用。企业在产品运输、检测、跟踪和销售环节中需要通过包装来实现，而这中间就需要结合各种技术手段来达到保护产品、提升产品运输的便捷和销量的目的。因此，包装技术下的二级学科可以分成：包装成型技术、包装检测技术、包装信息与管理技术和包装运输技术。

包装工程下的二级学科如下。

包装经济与管理主要研究的是包装这一类产品在经济系统中所发生的经济活动。通过对这些经济活动的研究得到对企业在实际运营中有帮助的管理学启示，达到降低企业运行成本、增加销售量和提升整体利润的目的，另外也可达到帮助政府实现社会福利的增加和改善环境的目的。包装经济与管理下的二级学科可以分成：包装产业经济、包装运营管理、包装营销、包装循环经济学。

一个广义的包装涉及的范围和领域非常广泛，既有自己独立的学科理论体系，又与工学、经济学、艺术学、管理学、理学、文学、法学等领域有较广泛的交叉，是在多门独立学科支撑的基础上形成的一个新兴交叉学科，它的知识体系既有自然科学的内容，又有社会科学的内容。因此，为了推动我国包装学科的良性发展，建议考虑将包装学科作为独立学科门类设置为包装学。根据其内涵特征，可以将包装学科按以下方式细分为包装学科中的一级学科，如表 6-1 所示。

表 6-1 包装学科作为独立学科门类的体系架构设想与建议

学科门类	一级学科
包装学科（设想与建议）	包装设计学（设想与建议）
	包装材料学（设想与建议）
	包装工程（设想与建议）
	包装经济与管理（设想与建议）
	包装社会学（设想与建议）

（1）包装设计学 主要研究包装设计相关理论与技术。

（2）包装材料学 主要研究包装材料与被包装物的关系及相互影响规律，以及包装材料加工与成型技术。

（3）包装工程 主要研究包装制品设计、制造、回收等过程中的各种工艺、技

术等问题。

（4）包装经济与管理　主要研究包装在提质增效等方面的经济理论及管理等相关问题。

（5）包装社会学　主要研究包装与人、包装与环境的关系。

三、包装作为工学门类中一级学科体系架构设想与建议

由于我国包装学科发展较晚，目前很多理论体系尚未形成，因此，从目前的情况看，将包装作为独立学科门类设置还有较大的难度。考虑到包装中涉及的最多的研究领域是工学领域，并且在工学领域中的包装研究理论成果较为丰富。因此，建议考虑在工学门类中将包装学科设置为一级学科（包装科学与工程）。根据包装学科的内涵和特征，可将包装学科与工程学科细分，如表 6-2 所示。

表 6-2　包装作为工学门类中一级学科体系架构设想与建议

一级学科	二级学科
包装科学与工程（设想与建议）	包装设计（设想与建议）
	包装材料（设想与建议）
	包装工艺与技术（设想与建议）
	包装经济与管理（设想与建议）

（1）包装设计　主要研究包装设计理论及技术。

（2）包装材料　主要研究包装材料与被包装物的关系及相互影响规律，以及包装材料加工与成型技术。

（3）包装工艺与技术　主要研究包装设计、制造、应用、循环回收再利用过程中的各种工艺与技术问题。

（4）包装经济与管理　主要研究包装在提质增效等方面的经济理论及管理等相关问题。

第五节　包装学科体系的评价

一、包装学科体系评价指标要素

本书在对包装学科建设评价指标体系进行设置的过程中，充分考虑了包装学科建设可行性所涉及的各种影响因素，同时也考虑了指标体系的全面性、层次性、相关性和系统性以及可操作性的基本原则。

包装学科建设评价指标体系中，各级指标制定的依据有：

（1）包装学科的学科特征、高校包装学科建设要素及其学科框架；

（2）包装工程以及工程教育学科评估中的相关指标；

（3）当前我国高校包装相关专业学科建设的现状；

（4）专家访谈。

根据以上依据可以得出包装学科建设准则体系构建如下。包装学科建设可行性评价指标模型见表 6-3。

表 6-3　包装学科建设可行性评价指标模型

目标层	一级指标	二级指标
包装学科建设	科研质量指标	综合性
		开放性
		国际性
		成果
		项目
		结构
		研究方向
		科研能力
	教学质量指标	课程完备性
		精品课程
		教学成果奖
		优秀毕业生
		研究生培养
	学科环境质量指标	研究型
		教学研究型
		教学型
		应用型
		资料信息
		实验室
		经费投入
		包装公司
		包装研究机构
		校际合作院校
		跨学科文化
		学科内文化

本书研究综合选取了 7 所高校，这 7 所高校在包装学科相关专业的设立与建设上具有非常明显的优势与特色，对于研究包装学科建设具有参考性，在包装学科相关专业，如包装工程的材料、设计、机械设计等方面具有明显的优势，在我国包装行业中也具有很强的影响力，同时，在包装方面的综合实力也很强。在研究中通过随机邀请专家，并提供包装学科建设所需要的相关背景资料，通过问卷的形式，结合以上 7 所包装相关高校的包装学科建设可行性评价指标体系与评价要点，对包装学科建设的可行性各项指标的重要程度以及学科建设相关决策因素指标进行评价。其具体实践步骤如下：

（1）建立评价指标 P 包装学科建设的可行性。

（2）评价指标因素论域 $U = \{u_1, u_2, u_3, \cdots, u_p\}$，按照包装学科评价准则，该模型需要建立三级评价域。

（3）评价等级 $V = \{v_1, v_2, v_3, \cdots, v_p\} = \{优，良，中，差\}$。

（4）模糊矩阵 对最底层的模糊质变根据相关专家的评分结果可得到各指标的模糊关系矩阵、成对比较矩阵及权重。

（5）求解评价向量值。

指标权重的确立如下。

在包装学科建设指标确立以后，从准则层开始，运用成对比较法对准则层和指标层的指标依次进行两两比较，本书研究的指标重要性通过对专家（包括院校和学者等专业人员）进行问卷调查得到。通过一致性检验的为有效问卷，本书研究共收集到 37 份有效问卷。在收集得到的问卷中，通过算数平均值计算指标重要性，从而得到判断矩阵。本书研究使用 Yaaph 软件进行权重计算，得到如下结果，见表 6-4～表 6-8。

表 6-4　包装学科建设一级指标权重分布

一级指标	科研质量	教学质量	学科环境质量	CR
权重	0.3356	0.3348	0.3396	0.0000

表 6-5　科研质量准则层下指标权重分布

科研质量	综合性	开放性	国际性	成果	项目	结构	研究方向	科研能力	CR
权重	0.1275	0.1275	0.1243	0.1251	0.1255	0.1196	0.1255	0.1251	0.0000
综合权重	0.0428	0.0428	0.0417	0.0420	0.0421	0.0401	0.0421	0.0420	—

表 6-6　教学质量准则层下指标权重分布

教学质量	课程完备性	精品课程	教学成果奖	优秀毕业生	研究生培养	CR
权重	0.2025	0.1981	0.1943	0.2044	0.2006	0.0000
综合权重	0.0678	0.0663	0.0651	0.0684	0.0672	—

表 6-7　学科环境准则层下指标权重分布

学科环境	研究型	教学研究型	教学型	应用型	资料信息	实验室	CR
权重	0.0847	0.0838	0.0803	0.0832	0.0836	0.0842	0.0021
综合权重	0.0279	0.0276	0.0265	0.0274	0.0276	0.0278	—

表 6-8　学科环境准则层下指标权重分布

学科环境	经费投入	包装公司	包装研究机构	校际合作院校	跨学科文化	学科内文化	CR
权重	0.0903	0.0807	0.0842	0.0804	0.0831	0.0818	0.0021
综合权重	0.0298	0.0266	0.0278	0.0265	0.0274	0.0270	—

通过对问卷数据的整理，可以得到各个指标的权重，并将指标权重与其对应准则层的权重相乘而得到各个指标的综合权重。对数据进行最终处理，如表 6-4～表 6-8 所示。包装学科建设综合判断矩阵的一致性比例为 0.0000，$\lambda_{max} = 3.0000$。包装学科建设判断矩阵 CR＝0.0000＜0.1，故通过一致性检验。其中，科研质量指标、教学质量指标以及学科环境质量指标矩阵的一致性比例依次为 0.0000、0.0000、0.0021，CR 值均小于 0.1，因此通过一致性检验。

二、包装学科体系评价方法

包装学科体系评价主要运用的方法有模糊综合评价法以及层次分析法。

模糊综合评价法是一种基于模糊数学的综合评价方法。该综合评价法根据模糊数学的隶属度理论把定性评价转化为定量评价，即用模糊数学对受到多种因素制约的事物或对象做出一个总体的评价。因此，在对研究对象进行综合评价时，模糊综合评价的方法可以对研究对象进行定量化处理，以此来对研究对象进行评价分级，其中，权重的确定需要通过专家的知识以及研究经验来确定，因此具有一定的主观性，具有一定的不足，为此本书采用层次分析法来确定包装学科建设可行性分析各项指标的权系数。进而本书研究更具合理性，更加符合包装学科发展的客观实际情况，有利于准确定量表示所有研究对象的数值，最终提高模糊综合评价法对于包装学科建设评价结果的准确性。

层次分析法（the analytic hierarchy process）简称 AHP，在 20 世纪 70 年代中

期由美国运筹学家托马斯·塞蒂（T. L. Saaty）正式提出。它是一种定性和定量相结合的、系统化、层次化的分析方法。由于它在处理复杂的决策问题上具有实用性和有效性，很快在世界范围内得到重视。通过运用层次分析法、文献分析法、专家访谈、专家评分法，对包装学科建设可行性评价指标体系进行合理制定，从而从各个不同分析角度对包装学科建设的可行性进行有效评判。通过建立合理的指标体系的评价因素集、权重集，然后经过专家对准则底层因素采用模糊综合评价法，对包装学科建设的可行性进行整体的定量分析和综合评判。本书采用最大隶属度的基本原则，来评估包装学科建设在高校学科建设中的可行性。

通过以上方法之间的结合使用，并对数据进行有效处理，可以为今后包装学科体系建设提供重要的参考依据。

第七章　包装学科高层次人才培养的特需性

包装业既是国民经济发展的重要支柱产业，也是事关民生安全与环境友好的重要行业。要实现我国由包装大国走向包装强国的战略目标，促进包装为改善民生服务，为国民经济可持续发展服务，包装业就必须加快向绿色化、生态化和"资源节约型，环境友好型"（简称"两型"）的产业转型与升级。《中华人民共和国国民经济和社会发展第十二个五年规划纲要》明确提出将包装行业作为调结构、转方式的九大重点产业之一。要完成这一任务，就必须解决绿色包装与安全高层次人才紧缺的问题。

第一节　包装高层次人才的培养需求

一、全面适应"两型"社会建设的需要

包装与人类日常生活及其生存环境密切相关。包装几乎渗透到生活的各个方面，给日常生活带来了诸多方便，但同时包装安全及包装环保也越来越凸显为最受关注的民生问题之一，主要表现如下 。

第一，过度包装现象严重，绿色包装第一原则——减量化包装推行十分缓慢。我国是世界上过度包装问题最严重的国家之一。据报道，目前我国 50% 以上的商品都存在过度包装问题，年废弃物价值高达 1200 亿元，仅北京市每年产生的各种商品包装废弃物就达 150 万吨，其中有 100 万吨为可减少的过度包装物，处理这些包装垃圾，每年需花费 3 亿多元。具有中国文化特色的礼品，其过度包装一直为全

社会所诟病。过度包装不仅浪费了有限的自然资源，推高了包装成本，扭曲了商品价格，严重损害了消费者利益，而且还可能对人体健康造成危害。国家工商行政管理总局 2007 年 2 月下发了《关于要求各级工商机关加大对商品过度包装监管力度的通知》，虽然对过度包装起到了一定的遏制作用，但根治过度包装现象依然任重道远。

第二，包装废弃物再生利用率不高，对环境和人体造成了严重危害。我国纸、金属、玻璃等包装废弃物的回收率与发达国家相比，低了 10%～30%，大量的资源仅使用一次即成垃圾。以塑料包装为例，据统计，全球塑料包装用量每年 3000 多万吨，我国达 600 万吨，其中约 70%一次性使用后被抛弃。由于普通塑料自然降解周期为 200 年左右，对土地、水体极具破坏力，成为环境与社会最大的公害。由于包装材料与装备研发滞后，我国包装生产资源消耗高于发达国家 40%以上。这不仅造成了资源的极大浪费，而且使包装废弃物大量增加，给生态环境造成污染和破坏。

第三，不合格的包装产品已成为危害人民群众健康与安全的重要因素之一。包装制品使用的黏合剂、涂料、添加剂等多为化工产品，含有一些有害成分，如着色剂工业级色母中存在芳香胺、重金属等有害物质；增塑剂邻苯二甲酸酯广泛用于玩具、食品包装材料、医用血袋、胶管、清洁剂等产品；包装产品印刷使用的传统油墨，往往会成为消费者的"隐形杀手"，上述物质一旦溶出并进入人体，就会危害消费者的身体健康。有专家指出，我国目前因为包装的"白色"或不合格，使许多绿色食品变成了有害食品。因此，绿色包装与绿色食品具有同等的重要性。

由此可见，加快绿色包装高层次人才的培养不仅是包装强国建设的需要，而且是提高民生质量和建设资源节约型、环境友好型社会的需要。

二、推进包装产业转型升级的需要

改革开放以来，中国包装业以年均增长 18%的速度快速发展，已成为世界第二大包装生产国和重要的外贸商品包装生产国，包装行业总产值由 1980 年的 72 亿元，增长到 2010 年的 12000 亿元，占国内生产总值比重由 1980 年的 0.4%上升至 2010 年的 3%，列国民经济支柱产业第 14 位。

我国包装业与发达国家相比，其现代化水平仍然不高，特别是随着 WTO 框架协议的实施，面对包装的绿色壁垒、知识产权和跨国公司等因素的强力影响，我国包装业发展正面临着前所未有的挑战。据有关资料显示，近年来，我国先进包装装备，尤其是技术含量高的成套装备有 60%～70%依赖进口；国内高附加值的包装高端制品一直被国外所垄断；2010 年我国因包装制品环保质量等问题造成的外贸损失高达97亿美元。因此，要从根本上改变我国包装业发展"大而不强"的局面，只有坚持以科学发展观为指导，以"两型"理念为导向，以"绿色与安全"为主题，按照"十二五"纲要提出的要求，加快发展先进包装装备、包装新材料和高端包装制品，推进我国包装强国建设的步伐。

建设包装强国，人才是根本。我国包装高等教育起步较晚，与发展绿色包装产业体系相适应的高层次人才尤其紧缺，已成为制约包装产业实现转型升级的主要因素。《中国包装行业"十一五"发展规划纲要》提出，我国包装新产品产值占包装总产值的比重，要从2005年的4.02％提高到2010年的8％左右，但实际只达到4.6％，与规划目标相距甚远，反映出我国包装企业因创新人才缺乏，创新能力不强，从而导致产品附加值不高的事实。据统计，我国目前有包装企业14万多家，营业收入上10亿元的规模企业100家左右，多数企业虽设立了研发中心，但研发人员数量偏少，真正能带领团队进行顶层设计、重大核心技术和集成技术创新攻关的博士层次领军人才尤为稀缺。数据显示，包装业人才状况与我国产业转型发展的需要是极不相称的。我国包装高层次人才短缺、自主创新能力不足的现状，使包装行业对绿色包装与安全人才的需求更加迫切。

三、包装高层次人才培养体系的需要

我国包装人才培养体系尚不完善，是包装高层次人才短缺的重要原因，"绿色包装与安全"方向人才培养是科学构筑我国包装人才培养体系的迫切需要。

在世界包装强国美国，包装不仅具有独立的学科地位，且在1998年就培养出了世界上第一位包装博士，建立健全了从职业培训到学士、硕士、博士等层次的包装人才培养体系。相比而言，我国包装人才培养体系建设存在的主要问题是：包装的学科地位尚不明确，包装人才培养的层次仅限于本科教育，而研究生教育采取挂靠其他学科、设立相关方向进行培养。所以，从严格意义上讲，我国包装硕士、博士层次的人才培养尚处于空白。这种状况严重制约了包装人才的培养，与包装行业对高层次人才的旺盛需求极不适应。中国包装总公司正在实施三年"双十双百双千"人才计划，即十个领军人才，十个合作研究机构；百名高职称专家，百名外聘专家教授；千名技术骨干，千名兼职科技研发人才。以上计划受人才供应瓶颈制约，进展很不理想。据有关调研预测，全国包装行业有22.2％的企业对博士层次包装人才有需求，到2015年，全国包装行业需要博士层次人才4200多人，2020年需要8600多人。

高层次人才，特别是绿色包装与安全方面高层次人才紧缺，严重制约着包装科技的创新与发展。包装涵盖了从设计、材料、制造、印刷到标准、检测、商业流通

等领域及其工艺过程，因而其对人才的要求有别于其他行业。根据对国内生产包装机械有较大影响的武汉人天包装技术有限公司的调研表明，该公司深深感受到国内外在包装先进装备技术开发上的巨大差距，国内迫切需求既懂包装材料又有绿色理念，同时具备包装机械和自动化知识的复合型高层次人才，培养或引进高层次人才才能够真正提高我国的研发能力。因此，包装技术创新的确与其他学科有密切的关联度，但它不是其他科技成果在包装上的简单运用，而是其他学科在包装各个环节上的知识交叉和综合创新。由我国包装行业大而不强的事实证明，包装学科并不是其他学科所能够简单替代的。

由此可见，现代包装所需要的人才是具有多学科融通能力和创新能力的复合型人才，显然，挂靠其他学科来培养包装研究生的方式是很难满足这一需求的。因此，只有改变包装的学科地位现状，建立健全包装高层次人才培养体系，才能解决包装高层次人才短缺问题，才能推动包装科技的创新，才能从根本上改善我国包装业"大而不强"的现状。

四、绿色包装与安全技术创新的需要

绿色包装是包装产业的技术革命，是实现包装产业转型升级的强大推动力。由于我国包装产业大而散、民企多、科研投入不足、人才引进滞后，企业的自主研发能力与解决关键技术能力偏弱，因而需要高校发挥人才培养优势，为企业的产业转型升级提供相应的人才智力支撑。因此，高层次人才培养可解决包装绿色安全关键技术问题的特殊需要。

绿色包装关键技术主要包括行业共性核心技术、集成技术、制品升级换代、新材料开发和行业通用检测等方面，具体包括绿色包装材料的研究与制备、先进包装装备研制、绿色包装设计与工艺、回收再生与循环利用技术、包装废弃物综合利用技术、包装减碳技术、绿色低碳产品评价标准与检测技术等内容。围绕上述内容，可拟设三个研究方向，即功能性环保包装材料与技术、现代包装设计理论及应用、包装减碳技术与环境。

第一，功能性环保包装材料与技术方向。紧密结合包装行业的实际，借鉴相关学科的理论研究，在关注功能性包装材料的技术问题与发展战略方面研究的同时，以服务包装行业为中心，突出在产品、企业、行业及国家层面的基于绿色包装行业特殊需求的多层次理论及应用研究。主要研究内容有：功能化掺杂介孔材料设计与制备；水溶性包装膜的制备与技术；高阻隔高分子复合包装材料制备与技术；超疏水包装材料制备与技术。同时重视包装安全研究，关注解决食品、药品、化妆品安全等方面的重大技术难题，如通过图像识别对包装产品进行在线检测和质量控制，

通过数字全息水印包装防伪技术识别假冒伪劣产品。

第二，现代包装设计理论及应用方向。围绕绿色包装设计与安全，强调艺术与科学技术相结合、传统文化与现代设计理念相结合，探索基于新材料、新工艺条件下的绿色包装设计理论与技术创新，关注现代设计艺术与包装技术、市场营销对企业品牌塑造和维护的关系，通过品牌战略，不断增强我国包装设计成果的国际影响。主要研究内容有：探寻绿色包装设计产生、发展的原因及其规律；从设计的角度研究、解决包装的安全性问题；探讨造成过度包装设计的深层原因及解决策略以及包装视觉设计与创立品牌的战略研究。拟解决的关键问题主要有：绿色包装设计的标准问题，基于环境特性的模块化设计方法、可拆卸设计、绿色设计的工具集成以及绿色包装与建模技术；绿色包装设计与包装产业链协同发展矛盾问题；包装设计与相关学科的整体研究与设计管理问题。

第三，包装减碳技术与环境。围绕包装与"两型"社会建设这一主题，从包装供应链和产品生命周期的角度，研究降低包装制品碳排放的集成关键技术。主要研究内容有：基于供应链的低碳包装新材料、新技术、新工艺和新设备的集成减碳关键技术；基于生命周期内的包装产品制造、储藏运输、销售使用和回收处理全过程低碳包装解决方案；各类包装制品的碳排放检测方案、核算方法与产品认证系统；各种材质和类型包装制品的碳排放检测方案、核算方法；低碳包装产品、低碳包装企业和低碳工业园区等系列标准体系；建筑产品包装碳减排技术。

第二节　包装高层次人才培养定位

绿色包装的内涵主要包括：包装材料新型、节能并能对人体和生物无毒无害；包装减量并易于重复利用或回收再生；包装废弃物可降解；包装产品整个生命周期均不对环境和生态造成污染。绿色包装充分体现了其经济效益、环境效益与社会效益协调统一的要求，代表着当代包装行业的发展方向，同时对现有的包装人才培养体系提出了新的特殊要求。

一、研究的思路和方法要求

包装高层次人才需掌握绿色包装的先进理念和方法。绿色包装要求从人与环境协调发展出发，以"减量、减碳、安全"为首要原则，使产品规格与内物保持适度匹配，同时又能满足消费者对包装产品的审美需求。这就要求产品研发者与设计者不仅要掌握设计、制造的基本原理与技术，而且要了解各种包装材料的环保、安全性能，具有将"功能性、生态性、安全性和审美性"等要素协调应用的设计理念，具有对传统包装设计，如中国古代粽叶、陶瓷等绿色设计元素继承与创新的设计意识，具有将绿色理念贯穿产品生命周期全过程的责任意识。这种以绿色与安全为导向，把绿色理念贯穿到从设计到包装物运输、使用、回收等全生命周期为定位的高层次人才培养，特别需要新的人才培养体系来支撑。而我国仅有几所能培养包装高层次人才的高校，都是采取挂靠轻工、机械等学科的方式，其培养过程受到挂靠学科人才培养规格和要求的制约，故其人才培养的定位很难充分地凸显"绿色包装与安全"这一主题。所以，以绿色包装与安全为博士生人才培养方向，在国内尚无先例。

二、研究的能力培养要求

（1）包装高层次人才需具有多学科的融通能力　包装是一个系统工程，它涉及产品的设计、选材、生产、销售、服务和回收等诸多环节，且每一个环节的知识体系都有相应的学科来支撑。但从绿色包装的角度看，包装的每一环节又处在同一个系统之内，彼此具有内在的不可分割的相关性，其技术创新需要多学科的交叉来支撑。如现有包装材料的研究主要侧重于纸、塑料、玻璃、金属四大包装材料和包装辅助材料的成分组成、物理化学性能及成型加工技术的研究，而从包装的减量化、包装物回收利用与废弃物可降解溶化等绿色理念出发，就必须加强对新型高分子复合材料、水溶性材料、超疏水材料、纳米材料等环保包装材料及其检测等方面的研究，这种研究又与包装减碳技术研究紧密相关。包装减碳技术涉及包装制品从艺术设计—材料选择—设备采用—容器设计—物流运输—使用管理等整个供应链和产品生命周期，是一个通过"5R"途径，即 Reduce（材料减少）、Reuse（再使用）、Recycle（再循环处理）、Recover（获得新价值）和 Resource（节约能源），以最大程度降低碳的排放，因而它又与材料、设计、机械工程、环境工程、经济学等都有密切的关系。所以，"绿色包装与安全"研究方向所培养的人才是一种具有独立研究能力、具有多学科交叉背景的复合型创新型人才。现有包装高层次人才的培养显然与这一定位要求尚有一定的差距。

（2）具有基于系统知识结构的科技创新能力　从包装强国美国的人才培养经验看，其包装博士生人才培养虽然是以包装作为独立的学科基础进行的，但同样体现了学科交叉的特征。在课程设置上，既突出了研究方向的主导地位，又强调不同研究方向的知识积累与融通。与之相比，国内仅有几所培养包装方向博士生的高校，由于受学科分类的限制，包装没有获得独立的学科地位，故其人才培养方案很难按绿色包装所要求的知识系统性来进行设计，往往是按照轻工、机械等学科的要求来进行课程体系设置。"绿色包装与安全"人才培养要以现有包装专业为基础，利用在材料、自动控制、设计、环境工程等学科的交叉优势，从系统工程的角度，在课程设置上力求覆盖绿色包装与安全的全过程，让学生充分掌握相关学科的知识，使人才培养体现出一种"博"与"约"互补的优势。以此为基础，通过"项目带动、技术攻关、校企合作"三位一体的培养模式，从而有效提高学生多学科交叉背景下的知识融通能力和解决绿色包装工程领域重大问题和关键技术的创新能力。因此，高层次人才培养项目的实施，不仅能培养符合规格要求的绿色包装人才，而且将有力地推动我国包装教育适应国家经济社会发展要求，为进一步完善包装人才培养体系打下基础。

第三节　国家特殊需求人才培养项目
——以湖南工业大学为例

"服务国家特殊需求博士人才培养项目"即安排少数确属服务国家特殊需求，但尚无硕士学位授予权的高等院校和无博士学位授予权的高等院校，在一定时期（5 年）和限定的学科范围内招收培养硕士、博士生，并按项目主要支撑学科授予学位。这是学位授权制度的一项大改革，也是包装教育人才培养提格升级的重要机遇。为此湖南工业大学申报了"绿色包装与安全"人才培养项目，可为完善我国包装高层次人才培养体系，推动包装高层次人才与国际接轨积累宝贵的经验。湖南工业大学，地处长株潭城市群国家"两型"社会综合配套改革试验区，是株洲市唯一的大学，享有"两型"社会综合配套改革试验区"先行先试"的政策优势，学校长期以来致力于包装教育与科技创新，促进了我国包装行业现代化发展，取得了对行业发展具有重大影响的科研成果，如依托湖南工业大学研发的"全伺服瓦楞纸板印刷机系列及技术"，达到了世界先进水平，为安全环保的柔性版水墨印刷技术的大面积推广应用提供了先进装备保障；湖南工业大学成功研制出的"水溶性包装薄膜材料"制备技术，为消除包装白色污染提供了一条有效途径，是高校发挥包装办学特色、为民生谋幸福、为"两型"社会建设提供技术服务的成功范例。

湖南工业大学通过政策上的倾斜，重点支持包装科学研究。近年来，学校承担了"活版印刷生物芯片原位合成系统的研制"国家 863 计划项目等一批以包装新材料、新工艺、新技术为重点的国家级、省部级项目；主持完成了国家科技部等"中国包装数字博览馆建设""中国城市低碳发展"绿皮书，中国包装总公司"包装产业发展战略研究"等引导包装行业发展、"两型"社会建设、低碳节能技术的重大研究课题；获得了"高速灌装生产线智能检测分拣成套装备研制及其推广应用"等国家科技进步奖、湖南省自然科学奖、湖南省科技进步奖；为包装企业解决了"聚乙烯醇缓释、控释薄膜""纸基材激光全息图文成像技术"等关键技术与重大问题，特别是以湖南工业大学研究成果为依托研发的"全伺服瓦楞纸版印刷机"等系列包装印刷机械，有效解决了安全环保的水性油墨印刷技术问题，该成果取得了24项国家专利，其中6项为发明专利；公开发表包装类主要支撑学科学术论文1524篇，出版专著31部。如针对农药包装残留对人体和环境的污染问题，开展的水溶性包装膜的制备加工与原理的研究；针对军品、疫苗等特殊产品的防水、抗腐蚀、抗冰冻问题，开展超疏水包装材料、高阻隔/阻燃包装材料研究；针对发票、车船票等有价证券以及烟、酒等高档商品的包装防伪问题，开展数字全息水印包装防伪技术与原理、特种防伪油墨与防伪印刷技术等研究；针对包装减碳开展的集成技术研究；针对包装安全开展的包装设计研究；等等。围绕这些课题而设置的三个方向反映了绿色包装研究的前沿方向，对解决绿色包装关键技术问题具有较强的针对性，同时三个方向研究团队取得了国内相对领先的科技成果，多学科交叉培养复合型绿色包装人才，因而具有了独特的综合优势。

湖南工业大学是国内系统从事包装教育的高校，是我国第一个被国际包装研究机构协会（IAPRI）接纳为会员单位的高校，是中国包装联合会副会长单位、中国包装联合会教育委员会主任单位、教育部包装工程教学指导分委员会的主任单位，主办了全国为数不多的包装学术期刊《包装学报》。学校始终坚持"构筑特色、服务包装"的办学宗旨，举全校之力发展包装教育。经过多年的探索与实践，掌握了包装类学科整合的内在规律，构建了"大包装"人才培养学科专业体系。在开设了15个包装类本科专业的基础上，积极发展包装类硕士教育，设立了包装设计及应用研究、包装机械制造与控制技术、功能包装与印刷材料、产品包装安全与环境、产品包装设计与制造、低碳技术与包装等10个包装类硕士研究生培养方向。材料学、设计艺术学、机械设计及理论为湖南省"十一五"重点学科，以设计艺术学为主的包装学科群也被确定为湖南省"十二五"特色优势学科。学校建立了相关科研创新团队，建成了包装与印刷测试中心、高分子材料等9个中央与地方共建的高校特色优势学科实验室，绿色包装与生物纳米技术应用、包装新材料与技术等3个省部级重点实验室和国家级包装艺术设计实验教学示范中心；拥有了现代包装设计理论及应用研究基地、湖南省产品包装创新工业设计中心等4个省级重点研究基地；与中国包装总公司、中国包装印刷生产基地联合建立了"中国包装科技研究所"，与中国社会科学院联合建立了"全球低碳城市联合研究中心"，与株洲市政府联合建立了长株潭"两型"社会研究院；建成了40余个本科生创新实践基地和11个研究生培养创新基地，在广东省东莞市建成了集课程教学、专业实践和科技创新功能于一体的东莞包装学院。

学校广泛开展了国际交流与合作，与美国密歇根州立大学包装学院、德国斯图加特媒体大学、法国兰斯大学等建立了联合办学和科研协作关系。多次组织和主办了以包装为主题的国际性学术研讨会，如"绿色之辨：2010 绿色设计国际学术研讨会""2011 年国际绿色化学与生物纳米技术研讨会""2011·北京国际包装博览会·中国包装教育展"等，活跃了我国包装理论前沿研究，促进了包装教育的国际接轨。

近 5 年来学校共获得国家级教学成果奖 2 项、省级教学成果奖 26 项，承担了国家级教学质量工程 3 项、省级教学质量工程 7 项，拥有艺术设计、印刷工程、自动化、机械设计制造及其自动化等 4 个国家特色专业；主编出版了第一、二、三套全国统编包装教材及其他教材共 53 部，其中部分教材已经被评为国家"十一五""十二五"规划教材。经过多年实践，形成了本科生培养理论与实践"3＋1"模式，硕士研究生培养"企业合作＋项目带动"模式，取得了显著的培养效果。以上成果作为教育部本科教学工作水平评估和湖南省研究生培养过程质量评估的特色项目，得到了评估专家组的一致肯定，学校在以上两大评估中均获评优秀。

学校在包装教育界和行业的影响，得到了社会认可。中国包装联合会第七次大会工作报告明确指出："湖南工业大学作为我国唯一以包装为特色学科的高等学校，为中国的包装教育和包装行业的发展做出了突出贡献。"

参 考 文 献

[1] 邓江玉，曹国荣. 试论包装工程学科的特征与包装工程专业的建设 [J]. 包装工程，2002，23（5）：160-162.

[2] 赵燕，周法玖. 包装人才培养模式和学科体系的建设的研究 [J]. 湖北经济学院学报（人文社会科学版），2007（5）：187-188.

[3] 宋宝丰，邱丽萍. 交叉学科群中一门新型综合学科：包装学科 [J]. 包装工程，2001，22（3）：56-58.

[4] 宋宝丰. 包装学科与包装工程 [J]. 包装世界，2001（3）：24-25.

[5] 王志伟. 现代包装学科与教学改革的研究 [J]. 北京印刷学院学报，2002，10（1）：3-5.

[6] 刘仲林. 现代交叉科学 [M]. 杭州：浙江教育出版社，1998.

[7] 王怀奥，张秀华，杨海. 包装工程学科知识体系与结构的探讨 [J]. 包装工程，2003，24（4）：196-198.

[8] 向红，刘玉生. 包装学理论及包装教育的实践 [J]. 中国包装工业，1998（6）：15-17.

[9] 宋宝峰. 日本包装学院提出的"包装科学"学科体系方案 [J]. 湖南工业大学学报，1994（3）：103.

[10] 尹章伟，刘全香，林泉编著. 包装概论 [M]. 北京：化学工业出版社，2008.

[11] 辛舟，龚俊，侯运丰，等. 结合学科基础新办包装工程专业课程体系建设 [J]. 包装工程，2003，24（5）：136-137.

[12] 苏远. 美国密歇根州立大学包装学院包装教育特点（之一）[J]. 包装工程，2004，25（1）：149-150.

[13] 沈洁. 我国包装专业人才需求预测及培养模式的研究 [D]. 成都：西南交通大学，2008.

[14] 孙彬青，张蕾，宋海燕，等. 泰国农业大学包装专业的本科教育 [J]. 上海包装，2014（6）：57-59.

[15] 刘玉生. 株洲工学院包装工程系专业介绍 [J]. 湖南包装，1997（3）：53.

[16] 湖南工业大学研究生处. 增设"包装工程"为一级学科的可行性论证 [J]. 包装学报，2010，2（1）：1-7.

[17] 宋宝丰. 包装工程的学科结构分析及跨学科教育模式 [J]. 包装学报，2010，02（4）：79-83.

[18] 王军，卢立新，陈安军，等. 现代包装创新型人才培养的研究与实践——以江南大学为例 [J]. 包装学报，2014（4）.

[19] Bruce Harte. Perspective of Packaging Education in the United States [J]. Packaging Management Conference，2003（2）.

[20] Stephen A Raper. Packaging Engineering Education the University of Missouri-Rolla [J]. Journal of Japan Packaging Institute，1999（1）.

[21] 许文才. 包装高等教育教学改革与人才培养模式探讨 [J]. 包装工程，2003，24（4）：152-154.

[22] 吕新广，王经武. 包装工程专业研究生教育的探讨 [J]. 湖南工业大学学报，2004，18（5）：85-87.

[23] 孙诚. 现代包装人才培养的研究与实践 [J]. 包装工程，2003，24（4）：155-156.

[24] 李春伟. 包装工程专业工程应用型人才培养模式的探讨 [J]. 广东化工，2015，42（18）：186-186.

[25] 杨祖彬，程惠峰，李玲. 基于"产教融合"的包装工程专业工程化人才培养研究与实践 [J]. 中国现代教育装备，2017（1）.

[26] 池宏勋，池湘. 包装的学科特色建设与拓展 [C]// 2004 国际现代包装学术研讨会论文集，2004.

［27］ 李丽，焦剑梅 . 基于创新人才培养的包装教育改革构想［J］. 包装世界，2013（6）：60-61.

［28］ 魏丽颖 ."双一流"战略下河北省高水平大学建设研究［D］. 保定：河北大学，2017.

［29］ 刘玉生，刘岱安，吴若梅，等 . 包装工业的核心产业及其教育的思考［J］. 包装学报，2009，1（1）：76-78.

［30］ 谷吉海，孙智慧，董文丽，等 . 基于学科内涵构建包装工程专业课程体系［J］. 中国印刷与包装研究，2012，04（4）：25-29.

［31］ 孟宪范 . 学科制度建设面面观——"学科制度建设"研讨会述评［J］. 社会科学管理与评论，2002（2）：39-49.

［32］ 孟宪范 . 学科制度建设研讨会综述［J］. 开放时代，2002（2）：39-49.

［33］ 方文，韩水法，蔡曙山，等 . 学科制度建设笔谈［J］. 中国社会科学，2002（3）：74-91，206.

［34］ 潘光辉，罗明忠 . 新制度经济学的学科体系构造及创新——基于国内相关出版物的比较［J］. 贵州社会科学，2007，216（12）：60-64.

［35］ 刘玉生，向红，谢勇 . 包装学理论初探［J］. 株洲工学院学报，1997（4）：1-6.

［36］ 李振军 . 包装技术与知识经济［J］. 技术经济，2002（8）：37-38.

［37］ 谷吉海，孙智慧，董文丽，等 . 基于学科内涵构建包装工程专业课程体系［J］. 中国印刷与包装研究，2012，04（4）：25-29.

［38］ 孙绵涛 . 学科与院（系、所）关系的学理分析［J］. 重庆高教研究，2016，4（03）：3-5.

［39］ 宣勇 . 建设世界一流学科要实现"三个转变"［J］. 中国高教研究，2016（05）：1-6，13.

［40］ 宣勇 . 我国高等教育治理：体系构建、逻辑审视与未来展望［J］. 国家教育行政学院学报，2015（09）：3-10.

［41］ 宣勇 . 高等教育治理体系的建构［J］. 教育发展研究，2015，35（17）：74-75.

［42］ 孙绵涛，朱晓黎 . 关于学科本质的再认识［J］. 教育研究，2007（12）：31-35.

［43］ 宣勇，凌健 ."学科"考辨［J］. 高等教育研究，2006（04）：18-23.

［44］ 孙绵涛 . 学科论［J］. 教育研究，2004（06）：49-55.

［45］ 奚德昌，高德 . 缓冲包装材料的本构建模研究进展［J］. 包装工程，2011，32（01）：1-4，53.

［46］ 奚德昌，王振林，高德，邢力 . 包装工程与流体力学的一些关系（下）［J］. 哈尔滨商业大学学报（自然科学版），2003（03）：295-298.

［47］ 奚德昌，王振林，高德，邢力 . 包装工程与流体力学的一些关系（上）［J］. 哈尔滨商业大学学报（自然科学版），2003（02）：208-212.

［48］ 奚德昌，王振林，高德，宋宝丰 . 包装动力学中的若干问题［J］. 包装工程，1999（03）：3-7，72.

［49］ 奚德昌 . 包装设计及包装动力学一些问题［J］. 包装工程，1995（03）：1-4.

［50］ 宋宝丰 . 包装工程的学科结构分析及跨学科教育模式［J］. 包装学报，2010，2（04）：79-83.

［51］ 宋宝丰 . 包装物流发展将促进产业结构调整［N］. 中国包装报，2006-06-09（003）.

［52］ 宋宝丰，张钦发 . 以技术科学思想指导包装工程教学改革［N］. 中国包装报，2004-08-03（003）.

［53］ 宋宝丰 . 包装工程学科建设对培养高层次人才的重要指导意义［J］. 包装工程，2004（03）：190-193.

［54］ 宋宝丰，陈洪，向红，苏远 . 美国 MSU 包装学院人才培养特色及其启示［J］. 包装工程，2002（06）：107-111.

[55] 宋宝丰，邱丽萍．关于包装的跨学科研究（下）[N].中国包装报，2001-02-26（003）.

[56] 宋宝丰，邱丽萍．关于包装的跨学科研究（上）[N].中国包装报，2001-02-19（003）.

[57] 金国斌．关于包装工程教育工作的回顾与思考 [J].包装工程，2002（06）：112-116.

[58] 金国斌．包装工程技术和包装工程教育的形成与发展 [J].中国包装，2001（06）：11-15.

[59] 金国斌．包装工程、包装技术体系及包装工程教育 [J].株洲工学院学报，2001（05）：15-18.

[60] 彭国勋．论我国的包装工程教育 [J].包装工程，1989（03）：48-50.

[61] 彭国勋．美国的包装教育 [J].中国包装，1985（01）：11-12.

[62] 潘松年，郭彦峰．建设面向 21 世纪的包装学科教育体系和课程设计 [J].包装世界，2005（03）：24-26.

[63] 潘松年，郭彦峰．论包装学科的教育体系和课程体系 [J].中国包装，2005（02）：41-44.

[64] 潘松年．关于"包装科学与技术"学科 [J].北京印刷学院学报，2002（01）：17-18.

[65] 王志伟．关于包装工程专业规范的思考 [J].包装工程，2009（12）：1-2.

[66] 于慧，黄崴．关于我国高校本科专业设置质量内涵与标准的理论探讨 [J].中国高教研究，2011（2）：18-21.

[67] 高红峡．学科、专业、职业辨析 [J].职业，2009（29）：40-41.

[68] 陆青霖．论高校艺术设计课堂教学互动思维的激活 [J].安徽工业大学学报（社会科学版），2007，24（3）：132-133.

[69] 武晓冬，赵巧娥，张海荣．电力技术类专业群平台课程的开发与实施体系研究 [J].中国电力教育，2013（11）：35-36.

[70] 应娜．转型发展背景下的地方本科师范院校的专业设置问题与对策研究 [J].智富时代，2015（11X）.

[71] 崔运武．论当代公共管理变革与学科专业发展和教材建设 [J].云南行政学院学报，2016（4）：135-138.

[72] 马顺成，于群．公安学一级学科框架下二级学科体系构建的思考 [J].公安教育，2014（8）：62-66.

[73] 许细燕．关于公安院校学科、专业建设与发展的思考 [J].公安教育，2011（12）：59-63.

[74] 贾勇宏．论影响高等教育质量的学校相关因素——基于全国 121 所高校问卷调查的实证分析 [J].中国人民大学教育学刊，2011（3）：32-37.

[75] 柴福洪．论职业、专业与高职专业设置 [J].职教与经济研究，2008（1）：1-5.

[76] 潘文良．生长在分工协作中的学科分化与跨学科研究 [J].中国管理信息化，2012，15（19）：97-97.

[77] 匡水发，朱蔚青，戴冬秀．高职质量认证专业成长机制研究 [J].武汉职业技术学院学报，2009，8（2）：55-59.

[78] 李娟．"文化整体论"：中国当代红色文化研究的视角转换 [J].文艺理论与批评，2014（6）：108-112.

[79] 张立俭．PVC 产品的包装改进策略研究 [D].株洲：湖南工业大学，2009.

[80] 王程鑫．包装印刷企业需建立标准化系统化质量管理 [J].印刷质量与标准化，2009（05）：33-35.

[81] 周树高．论一般企业的包装管理 [J].株洲工学院学报，1996（01）：34-38.

[82] 王辉．包装设计中艺术设计展开的原则与建议 [J].包装工程，2013，34（02）：138-140.

[83] 李冬薇，李辰．色彩在商品包装上的视觉效应 [J].美与时代（上半月），2009（02）：77-78.

[84] 绿色包装：对人体及环境不造成公害的适度包装 [J]. 中国包装工业, 2012 (09)：10.

[85] 我国包装工业产业链的发展趋势 [J]. 中国包装, 2011, 31 (12)：13-14.

[86] 李正军. 绿色包装对低碳物流的影响 [J]. 包装学报, 2011, 3 (04)：66-69.

[87] 李刚. 我国包装工业发展新趋势 [J]. 农产品加工：创新版, 2012 (04)：21.

[88] 孙明华. 企业竞争力研究的三个视角 [J]. 生产力研究, 2011 (03)：148-151, 219.

[89] 《中国包装工业发展规划 (2016—2020 年)》明晰 "十三五" 方向 [J]. 绿色包装, 2017 (01)：60-65.

[90] 吴凡. 销售包装是包装发展的主流 [N]. 中国包装报, 2009-12-04 (003).

[91] 童黎彬. 艺术设计专业 "跨界" 课程教学改革探索 [J]. 福建教育学院学报, 2016, 17 (10)：78-80.

[92] 曾艳红.《文化产业经济学》中的案例教学 [J]. 榆林学院学报, 2011, 21 (03)：94-96.

[93] 施京京. 顺应形势应时而动 [J]. 中国质量技术监督, 2017 (09)：14-15.

[94] 申倩. 经济学方法论在高校产业经济学教学中的应用 [J]. 教育教学论坛, 2014 (21)：45-46.

[95] 王超. 浅析艺术学学科与哲学学科的融合发展研究 [J]. 教育现代化, 2017, 4 (35)：96-97, 100.

[96] 赵建蕊, 蔡玫. 中文社科期刊交叉学科栏目的学科分布研究 [J]. 出版科学, 2017, 25 (01)：79-83.

[97] 梁妍妍. 包装容器造型设计研究 [J]. 中国包装工业, 2014 (22)：20-21.

[98] 刘艺琴, 余磊. 论商标设计与品牌形象 [J]. 武汉大学学报 (哲学社会科学版), 2005 (05)：714-718.

[99] 王恩继, 徐祥贵, 闫颖. 标准化管理在成品包装中的应用 [J]. 啤酒科技, 2000 (11)：61-62.

[100] 杨春垠. 改善运输包装是提高经济效益的重要环节 [J]. 中国物流与采购, 1982 (09)：12-14.

[101] 胡春华, 陈雯, 汪茜. 固体废弃物资源的综合利用及管理探讨 [J]. 环境科学与技术, 2005 (S2)：65-66, 83.

[102] 罗亚明. 国内外包装专业教育的比较研究 [J]. 包装学报, 2010, 2 (02)：82-85.

[103] 黄彩德. 基于 DEA 的运输包装 (铁路) 安全投入效益分析 [D]. 兰州：兰州交通大学, 2014.

[104] 汤国辉. 市场经济与包装行业管理 [J]. 中国包装, 1994 (06)：24-26.

[105] 方红文. 谈包装设计的经济效益与社会效益 [J]. 企业经济, 1989 (03)：23-24.

[106] 孙秋菊. 物流包装废弃资源的综合利用 [J]. 中国市场, 2007 (36)：50-51.

[107] 吴波. 包装容器结构设计 [M]. 北京：化学工业出版社, 2001.

[108] 李航. 易燃品包装对铁路运输安全影响研究 [D]. 成都：西南交通大学, 2009.

[109] 吴若梅, 梁军, 刘玉生, 罗亚明. 基于循环经济模式的包装工程绿色循环系统研究 [J]. 中国包装, 2006 (03)：50-52.

[110] 崇政. 吸湿功能聚苯乙烯片材的制备及性能研究 [D]. 天津：天津科技大学, 2011.

[111] 李志强, 王海峰. 浅论绿色包装的发展 [J]. 轻工科技, 2009, 25 (6)：90-91.

[112] 陈新. 智能包装技术特点研究 [J]. 包装工程, 2004, 25 (3)：40-42.

[113] 许本枢. 关于增设包装工程专业硕士学位的思考 [J]. 包装工程, 2003, 24 (5)：131-132.

[114] 邓靖, 刘奇龙, 肖颖喆, 等. 包装工程专业以问题为导向的生产实习改革的探索与实践 [J]. 教育教学论坛, 2016 (47)：137-138.

[115] 陈吉. 我国绿色包装伦理研究 [D]. 株洲：湖南工业大学, 2016.

[116] 刘文良, 汪田明, 郝喜海. 包装企业与高校产学研合作空间分析——基于对东莞市重要包装企业的调研 [J]. 中国包装, 2012, 32 (9)：66-69.

[117]　徐碧鸿．我国高校体育工程学科建设研究［D］．徐州：中国矿业大学，2012．

[118]　马爽．软系统思维在包装专业教学中的应用与体会［J］．出版与印刷，2008（3）：49-51．

[119]　邢圆，崔敏婷，孔馨梦．新能源包装设计功能便利性的提升［J］．上海包装，2015（2）：19-21．

[120]　姚加惠．美国地方高校内部治理结构探究［J］．高等理科教育，2011（6）：83-88．

[121]　奚德昌．包装动力学简介［J］．中国包装，1989（4）：56-58．

[122]　王家民，王芳媛，孙浩章，等．以多学科为基础的包装工程教育及人才培养问题思考［J］．包装工程，2007，28（9）：53-56．

[123]　屈天姿，荣夺刚，奇娜，等．美国教育技术专业课程设置现状及启示［J］．中国医学教育技术，2013（5）：503-508．

[124]　陈满儒．美国包装专业研究生教育［J］．包装工程，2004，25（1）：146-148．

[125]　金国斌．国外包装学科与教育情况综述［J］．湖南工业大学学报，2007（1）：4-9．

[126]　徐长妍，李芹，箭伟程，等．中美包装工程人才培养模式与学生就业的研究［J］．兰州教育学院学报，2011，27（6）：185-186．

[127]　张岩岩，高伟，等．体验式教学在包装工程专业课程体系中应用效果的研究［J］．吉林农业科技学院学报，2014，23（1）：102-104．

[128]　王桂莲，杨海．新形势下包装工程专业课程体系的构建［J］．黑龙江教育（高教研究与评估），2014（6）：37-38．

[129]　徐丽，李大纲，徐长妍，等．"学以致用，科学与艺术相融"创新性应用型包装人才的培养模式——材料科学与工程学院包装工程与设计特色专业建设［J］．包装世界，2014（2）：48-51．

[130]　李小东，张峻岭，唐玉．高职包装技术与设计专业课程体系的构建［J］．科技视界，2013（35）：38-38．

[131]　刘东，谢昭明，田辉，谢弋，陈滢．加强人才队伍建设，提高学科竞争力——谈高层次人才在高等学校学科建设中的作用［J］．中国高校师资研究，2011（04）：1-6．

[132]　罗云．论研究生教育在高校学科建设中的地位和作用［J］．煤炭高等教育，2002（02）：34-35．

[133]　钟秉林，方芳．一流本科教育是"双一流"建设的重要内涵［J］．中国大学教学，2016（04）：4-8，16．

[134]　国务院关于印发统筹推进世界一流大学和一流学科建设总体方案的通知，国发〔2015〕64号．

[135]　罗颂平．以学术研究引领学科与专科建设—中医妇科学学科与专科建设的思路与历程［J］．广州中医药大学学报，2010，27（05）：552-554．

[136]　常正霞．科学研究与学科建设关系浅析［J］．西北成人教育学报，2006（01）：29-30，41．

[137]　陈彪，严嘉，胡波．科研平台在学科建设中的作用科研平台在学科建设中的作用——基于某高校全国一级学科评估的数据［J］．中国高校科技，2017（12）：4-7．

[138]　周秀娇，朱建成．对学科建设的原则和实践问题的思考［J］．佛山科学技术学院学报：社会科学版，2003，21（1）：80-83．

[139]　徐世浩．高校知识管理系统构建探析［J］．高等理科教育，2010（1）：95-98．

[140]　田定湘，胡建强．对大学学科建设几个问题的思考［J］．湖南社会科学，2003（2）：114-116．

[141]　李枭鹰．生态学视野中的大学学科发展观［J］．当代教育论坛，2005（13）：39-41．

［142］ 张俊心 . 科学学理论发展与学科建设的紧迫问题［J］. 科学学研究，1993，（1）：24-27.

［143］ 吴赛 . 智能包装技术的应用［J］. 印刷质量与标准化，2015（1）：28-31.

［144］ 胡兴军，林燕 . 智能包装的分类、应用及前景［J］. 印刷工业，2010，20（3）：55-59.

［145］ 张梦 . 浅谈智能包装与 RFID 技术［J］. 广东印刷，2011（5）：47-49.

［146］ 朱勇，胡长鹰，王志伟 . 智能包装技术在食品保鲜中的应用［J］. 食品科学，2007，28（6）：356-359.

［147］ 李向农，贾益民 . 对外汉语与汉语国际教育：专业与学科之辨［J］. 湖北大学学报（哲学社会科学版），2011，38（04）：21-25.

［148］ 张立彬 . 对学科建设的认识与构想［J］. 高教与经济，1995（04）：1-5.

［149］ 高久群，郑华，杨清华 . 全国高校交叉学科设置状况研究——基于 2011—2014 年数据分析［J］. 高教论坛，2017（05）：38-41.

［150］ 杨茂林 . 包装设计课程教学改革的全新思考［J］. 艺术与设计：理论，2010，2（12）：151-153.

［151］ 张惠艳 . 电子产品出口包装设计方法的研究［D］. 西安：陕西科技大学，2015.

［152］ 彭仁 . 旅游纪念品包装设计与职业化教育研究［D］. 长沙：湖南师范大学，2013.

［153］ 郑钧正 . 关于电离辐射防护学科的定位与内涵［J］. 辐射防护通讯，2015，35（03）：1-5.